青砖黛瓦忆嘉禾
Grey Bricks and Black Tiles

嘉兴历史建筑
文化解码

Unearthing the Stories
Behind Jiaxing's
Historic Architecture

历史建筑文库
第 1 辑

长三角（嘉兴）历史建筑
保护研究中心　策划

章
蓉
主编

同济大学出版社
TONGJI UNIVERSITY PRESS
· 上海 ·

丛书编委会

主　　任	汤永净
委　　员	李晓龙　李立贵　章　蓉
特约顾问	黄国华　吴齐正　赵冠雄　陈钰麒　邵振东
	叶　加　董　雄

本书编委会

主　　编	章　蓉
副 主 编	汤永净　李晓龙　李立贵　平惠英　范晓春
撰　　稿（按姓氏笔画排序）	
	丁智萍　宁云靖　汤永净　李立贵　李慧婷
	杨文睿　周艳梅　唐斐斐　黄琴琴　章　蓉
	魏　超
摄　　影	郑宏斌　沈海涛　付辉古
主编单位	同济大学浙江学院
	长三角（嘉兴）历史建筑保护研究中心
参编/协助单位	嘉兴市住房和城乡建设局
	嘉兴市建筑工业学校
	湖北义兴数字科技有限公司总经理　牛磊
鸣　　谢	上海宝集环境设计工作室负责人　钱幽涟
	上海市产业科技金融协会　汤世才

序一

欣闻长三角（嘉兴）历史建筑保护研究中心精心策划的系列丛书的开篇之作《青砖黛瓦忆嘉禾：嘉兴历史建筑文化解码》一书即将出版。这是对嘉兴历史建筑的深入探索，既为后人留下一份珍贵的文化记忆，也为未来的活化利用提供了有力依据。

由于20世纪90年代从事江南水乡古镇保护研究，笔者当时对长三角地区的许多古镇进行了调研，曾多次前往嘉兴。可以说，嘉兴是一座典型的江南水乡城市，在2000年提出联合申请世界遗产的"江南六大古镇"中，嘉兴的乌镇和西塘占了两席，其实力不容小觑。

嘉兴，位于长三角地区的核心区域，是中国东南的文化重地。这里既有江南稻米文化的滋养，又承载着丝绸文化的光辉，还融入了运河水系的灵动。在保留"小桥流水人家"的江南传统的同时，嘉兴的建筑中也受到了外来文化以及产业的影响。伴随着朝代更迭与社会变迁，历史建筑成为了嘉兴人生活文化、产业经济的载体，每一块青砖黛瓦，每一处梁柱斗拱，无不在低声诉说着嘉兴的故事。

对江南建筑的研究，公共建筑往往受到较多关注，而本书的涵盖面则更为丰富，不仅有承载公共生活的公共建筑、展现江南居民生活方式的居住建筑，还有见证产业兴衰的生产建筑、体现水乡交通变革的桥梁建筑，每一类建筑都呈现了不同时期嘉兴人民的生活风貌、社会结构和思想观念，同时也是技术发展的见证。

多年来，在城市化、现代化进程中，许多城市的历史建筑保护面临着巨大的挑战，嘉兴也不例外。虽然保护的名单越来越长，但是进入"名录"并不等同于得到了保护。就实际情况而言，有的历史建筑得到了妥善保护与适度修缮，在新的时代焕发生机；而有的历史建筑却在风雨侵蚀下逐渐损毁，甚至消失不见。令人惋惜的是，许多当地居民对这些建筑的历史渊源知之甚少，对它们的文化价值认识不足。这不仅是嘉兴一地的现象，更是当今社会普遍存在的文化危机。

由于对历史建筑背后的文化挖掘和理解不足，各地在古镇保护、历史建筑修缮中出现了千篇一律、同质化的现象。如何在时代发展中留住每个历史城镇、传统村落独特的历史？如何通过保护这些物质载体，使历史建筑不再只是"存在"，而是真正"活"起来？这既需要政策支持、资源投入，也离不开全社会的广泛关注与共同参与。

随着社会的进步，保护历史建筑、增强文化自信逐渐成为社会共识。如何保护与更好地对历史建筑进行活化利用，成为一个更为持久的课题。我们尊重历史，同时也拥抱现代。我们相信，历史建筑不仅是过去的遗产，也是现代生活的有机组成部分。它们与现代建筑相互辉映，共同构成了城市的独特风貌。通过追寻和解读历史建筑文化，我们能够更好地了解整个城市发展的脉络，厘清其历史文化背景，明确其特色构件或价值构成要素。如此，我们就可以采取不同的应对方式保护与活化利用老建筑，助力城市实现有机更新和可持续发展。

长三角地区、江南水乡的"城—镇—村"整体保护与协同发展的理论框架重在区域性，而对某一个城市的历史建筑展开具体且基于一手资料的调查和研究，是非常可贵的。而且今后不仅是嘉兴，湖州、绍兴、常州、无锡等其他长三角城市也可开展同样的工作，这对整个长三角地区、江南水乡建筑文化的挖掘与梳理、阐释与展示都具有重要意义。这也是本书的意义和价值所在。

笔者相信，《青砖黛瓦忆嘉禾：嘉兴历史建筑文化解码》的出版，不仅是对历史建筑的一次探寻和梳理，还会唤起人们对历史文化的关注，激发大家对保护文化遗产的热情——感受文化之风，感受时间的流转，以及脚下土地的深沉。希望此书能成为大家了解嘉兴历史的起点，成为唤起更多人参与文化保护工作的一个契机。让我们携手共进，为传承历史、守护文化而努力。

法国建筑科学院外籍院士
同济大学建筑与城市规划学院教授、博士生导师

序二

笔者曾有幸多次到访嘉兴，对嘉兴是有感情的。特别是在国家文物局工作的八年期间笔者多次到过嘉兴。在中国文化遗产研究院工作期间，笔者参加了嘉兴历史文化名城的评估以及文化建筑的保护工作。这座江南古城，尤其是其中的传统建筑，给笔者留下了深刻印象。作为长三角（嘉兴）历史建筑保护研究中心策划的"历史建筑文库"系列丛书的开篇之作，《青砖黛瓦忆嘉禾：嘉兴历史建筑文化解码》正是对嘉兴丰富文化脉络的生动展现。

传统建筑是一个宽泛的概念，包括文物建筑（含未列入文物保护单位的不可移动文物）、历史建筑和构建筑物以及传统民居都是这个概念的组成部分，历史建筑是文物建筑之外的重要构成。对于价值突出的历史建筑，经过审批后可被列入文物建筑的范畴。历史建筑是一座座立体的文化记忆之所在，记录了当地人代代相传的生活方式、价值观念和文化习俗，也是人们理解过去、联系未来的重要纽带。早在2010年，嘉兴市人民政府便发布了《嘉兴市加强历史建筑保护工作的意见》，通过认定"历史建筑"的方式，逐步推动城市历史遗产的系统性保护。这一政策有力地推动了嘉兴历史建筑保护工作的开展，使一些面临消失风险的老建筑得到及时修缮和保护。

然而，文化遗产的保护从来不是一项简单的任务。保护历史建筑不仅需要专业技术、政府政策的支持，还需要全社会的广泛参与和理解。嘉兴市在推动建筑保护的过程中也遇到了一些困难，如相关历史资料散佚、专业人士匮乏等。针对这些问题，嘉兴市人民政府与长三角（嘉兴）历史建筑保护研究中心紧密合作，通过全方位调研，深入挖掘历史建筑所蕴含的文化内涵。这不仅是为了保存珍贵的物质文化遗产，更是为了保留嘉兴这片土地的精神与文化根脉，使人们在现代化的进程中依然能够触摸到历史的脉搏。

历史建筑不仅是历史的见证，更是艺术、科学与文化的综合载体。嘉兴的历史建筑风格独特，既体现了江南建筑的典雅细致，又融合了该地独特的风土人情。例如，书中提到的20处精选历史建筑，包括公共建筑、传统民居、工业建筑、桥梁建筑等，它们在不同时期发挥了不同的功能，生动展现了嘉兴人对自然环境的适应与对艺术的追求。

要让这些历史建筑在新时代焕发新活力，对历史建筑的保护，不是将其束之高阁，而是要让其"活起来"。嘉兴市在历史建筑保护过程中，积极提出"活化利用"的理念，即通过适当的改造和功能再赋予，让老建筑更好地融入现代生活。例如，将部分建筑改造成文化展示场所、居民休闲场所，使之成为市民日常生活的一部分。这种活化方式既保留了历史建筑的原貌，又通过赋予新功能使其重新焕发生机。这样的探索，不仅让建筑的文化价值得到延续，还增加了其社会价值与经济价值，为嘉兴的城市更新提供了宝贵经验。

此外，在现代城市发展中，文旅融合逐渐成为激活历史建筑和传统文化的重要方式。嘉兴作为长三角地区的重要旅游胜地，近年来通过文化与旅游的深度融合，将历史建筑保护与旅游资源开发相结合，吸引了大量游客前来感受城市的文化底蕴。嘉兴市通过对历史建筑的合理保护与开发，展现了江南水乡的独特魅力，进一步提升了城市的文化吸引力和知名度。

在嘉兴的许多历史建筑周边，逐渐形成了一批以传统文化为主题的餐饮、住宿、手工艺品店等业态，既增加了游客的体验感，也为当地居民提供了新的就业机会。这种文旅结合的模式，使历史建筑的保护不再是"单打独斗"，而是与旅游产业发展相辅相成，从而实现文化、社会和经济效益的多重共赢。

笔者认为，通过文旅结合，嘉兴将历史建筑转变为旅游资源的这一举措，不仅让更多人得以了解这座城市的历史与文化，还增强了人们对嘉兴文化的认同感。未来，随着文旅资源的进一步开发与整合，嘉兴有望在历史文化名城的基础上，打造出更具吸引力的文旅品牌。

在经济快速发展的今天，嘉兴市通过历史建筑的保护与活化、历史建筑的活化再利用以及文旅结合的创新路径，不断推动城市更新，逐渐形成了一条"文化驱动型"发展之路。这种文化自觉不仅增强了城市的文化软实力，也为长三角地区乃至全国的历史建筑保护提供了宝贵的借鉴经验。相信随着历史建筑保护工作的深入推进，嘉兴的文化底蕴将更放光彩，文旅发展也会更加蓬勃。

期待未来更多人能够投身于这项充满意义的事业，共同守护并传承这些珍贵的文化遗产，使嘉兴的历史建筑在新时代继续闪耀光芒。让我们一同见证这座古老而现代的城市，在不断发展中保持其独特的文化风采，让嘉兴的历史故事得以继续流传，成为新时代的精神宝库。

中国文化遗产研究院原总工程师、研究员
中国文物保护基金会传统村落首席专家

前言

嘉兴作为国家历史文化名城,有着7000多年人类文明史、2500多年文字记载史和1700多年的建城史,文化底蕴丰厚,历史遗存丰富,城市建设特色鲜明,红色文化价值独特[1]。历代名人辈出,素有"人文渊薮"之称。

作为长三角地区的重要城市之一,嘉兴在名人文化、江南稻米文化、蚕桑文化、运河(水)文化等方面有着得天独厚的优势。深厚的历史文化积淀为嘉兴留下众多珍贵的历史建筑,这些建筑成为城市文化最直接的记忆和载体。作为历史文化遗产的重要组成部分,历史建筑生动地述说着过去,深刻地影响着当下和未来,丰富了社会的历史文化。

早在2010年7月,嘉兴市人民政府印发了《嘉兴市加强历史建筑保护工作的意见》[2],进一步通过认定历史建筑的方式推动对建筑的保护,以守护乡愁和历史文脉。自此以后,嘉兴的历史建筑保护取得了长足发展,经过多次历史建筑认定和保护,城市的肌理得到了更好的梳理,城市的文化根脉得到了有效的保护。然而,团队在实地探勘中也发现了一些问题,历史建筑的保存状况参差不齐,有的保存良好,在新时代重新焕发生机;有的则在风雨中飘摇,日渐衰败,极端情况下甚至消失不见。更令人惋惜的是,许多本地居民对这些历史建筑的来龙去脉与蕴含的历史文化意义知之甚少。

长三角(嘉兴)历史建筑保护研究中心立足嘉兴本地、以历史建筑为切入点,梳理嘉兴的文化脉络,致力于协助嘉兴市人民政府推动嘉兴市历史建筑的挖掘、保护和利用等工作。

在嘉兴市住房和城乡建设局的指导和大力支持下,团队根据"嘉兴市区历史建筑名单",选取了20个各具特色的历史建筑展开调查。从最初历史建筑相关文章的撰写到书稿的完成,前后历时3年有余。

由于年代久远,许多档案资料佚失,长三角(嘉兴)历史建筑保护研究

---

1 国务院. 国务院关于同意将浙江省嘉兴市列为国家历史文化名城的批复[EB/OL].(2011-01-20). https://www.gov.cn/gongbao/content/2011/content_1796519.htm.

2 嘉兴市人民政府. 嘉兴市人民政府关于印发嘉兴市加强历史建筑保护工作意见的通知[EB/OL].(2010-07-12). https://www.jiaxing.gov.cn/art/2010/7/12/art_1229426373_2226039.html.

中兴的研究员们在寻找和挖掘历史建筑背后的历史、文化和人物故事时面临巨大挑战。然而，这也更加坚定了他们的信念："只有通过了解，才能够真正关注和热爱。"大家希望通过发掘并传播历史建筑的人文故事，为普通人提供了解自己城市历史的机会，同时也希望扩大历史建筑的影响力，加强对这些珍贵遗产的保护力度。

撰写本丛书的目的也是希望为历史建筑的活化利用提供历史文化依据。保护历史建筑，并非将其束之高阁，机械地围圈、封闭起来，而是希望它们能在新时代、新的文化背景下焕发新的活力。期望这些老建筑在获得充分保护的同时，更好地融入当代生活，让更多人能够接触它们，了解它们在城市发展过程中的历史作用以及曾经主人的生活场景……相信这不仅有助于城市的精神共富和文化自信培育，而且能在文旅融合中促进城市经济的良性发展。从更广阔的视角来看，梳理历史建筑的文化底蕴、阐释其背后的历史文化故事，对于讲好嘉兴故事、打造嘉兴文化"金名片"，乃至讲好中国故事都将产生极大的助力。

本书分为公共建筑、居住建筑、生产建筑、桥梁建筑及其他类历史建筑四个篇章，旨在通过详细介绍优秀历史建筑，并生动讲述其背后所蕴含的人文故事，将一座座优秀的历史建筑立体地呈现出来，以馈广大读者。需要注意的是，本书所选取的历史建筑来自嘉兴市区，地址、建筑时间和发展演变，部分与"嘉兴市区历史建筑名单"不完全一致，以核实后的信息为准。此外，每篇文章的建筑发展演变，都会标明其入选"嘉兴市区历史建筑名单"的名称，由于有些入选名称和惯用名称并不完全一致，部分标题和行文中仍采用惯用名称，特此说明。这是一次"从无到有、从零到一"的尝试，尽管一路艰辛，几经删改、完善，不足之处仍不可避免。诚挚欢迎各界专家学者以及市民朋友们的批评指正，共同为书稿进一步的完善而努力。

考虑到目前嘉兴市有164处历史建筑，如果将整个五县两区涵盖在内，嘉兴市总计拥有多达690处历史建筑。这意味着未来的工作量巨大，同时也有更多可为之处。我们期许这项工作能够为嘉兴乃至长三角地区的文化传承和发展，特别是历史建筑的活化和利用，贡献绵薄之力。我们同样希望这会是一项长期且持续的工作。我们热切期盼能有更多支持以及人员加入，携手并肩共同投身于这一极具意义的事业之中！

长三角（嘉兴）历史建筑保护研究中心主任
同济大学教授，博士生导师

目录

005　序一
007　序二
009　前言
015　吴根越角，水韵江南

公共建筑

020　嘉兴南湖高级中学校舍——昔日南湖之滨的最美校园
031　嘉兴秀州中学校舍（北斋）——项家漾畔小楼立，悠悠百年名校史
042　嘉兴老农校——菜花泾畔忆丰年
051　嘉兴老邮电大楼——人民邮电为人民
056　嘉兴电力博物馆——嘉兴百年光明史的见证者
063　嘉兴旅馆——昔日勤俭路上的行业"领跑者"
069　中基路197号——延续历史记忆，传承铜瓷工艺
076　大昌当铺——诉说典当行的百年兴衰
084　南湖革命纪念馆（老馆）——南湖旁的革命丰碑

居住建筑

092　东栅卢氏民宅——从米行掌柜居所到人民法院旧址
097　徐诒谷堂——梅湾里的百年传承
116　南湖路小洋楼——嘉兴名士陈氏家族的风雨百年

生产建筑

126　田丰粮仓——荷花盛开的地方
136　王江泾粮仓——大运河上的明珠
143　厚生丝织厂——百年风华，厚生致远
149　海鸥电扇厂——昔日名旦变身公益图书馆
156　嘉兴冶金机械厂——凤凰涅槃，期待重生
164　嘉丝联茧库——嘉兴丝绸发展的见证者

| 170 | **桥梁建筑及其他类历史建筑** |

| 172 | 壕股桥——横跨环城河的交通要道 |
| 179 | 辛亥革命烈士纪念塔——熊熊光明火，拳拳赤子心 |

186	附录
187	附录一　专家评读
190	附录二　嘉兴市区历史建筑名单
200	附录三　撰稿人简介

201	参考文献
205	跋
209	后记

青砖黛瓦忆嘉禾

嘉兴历史建筑文化解码

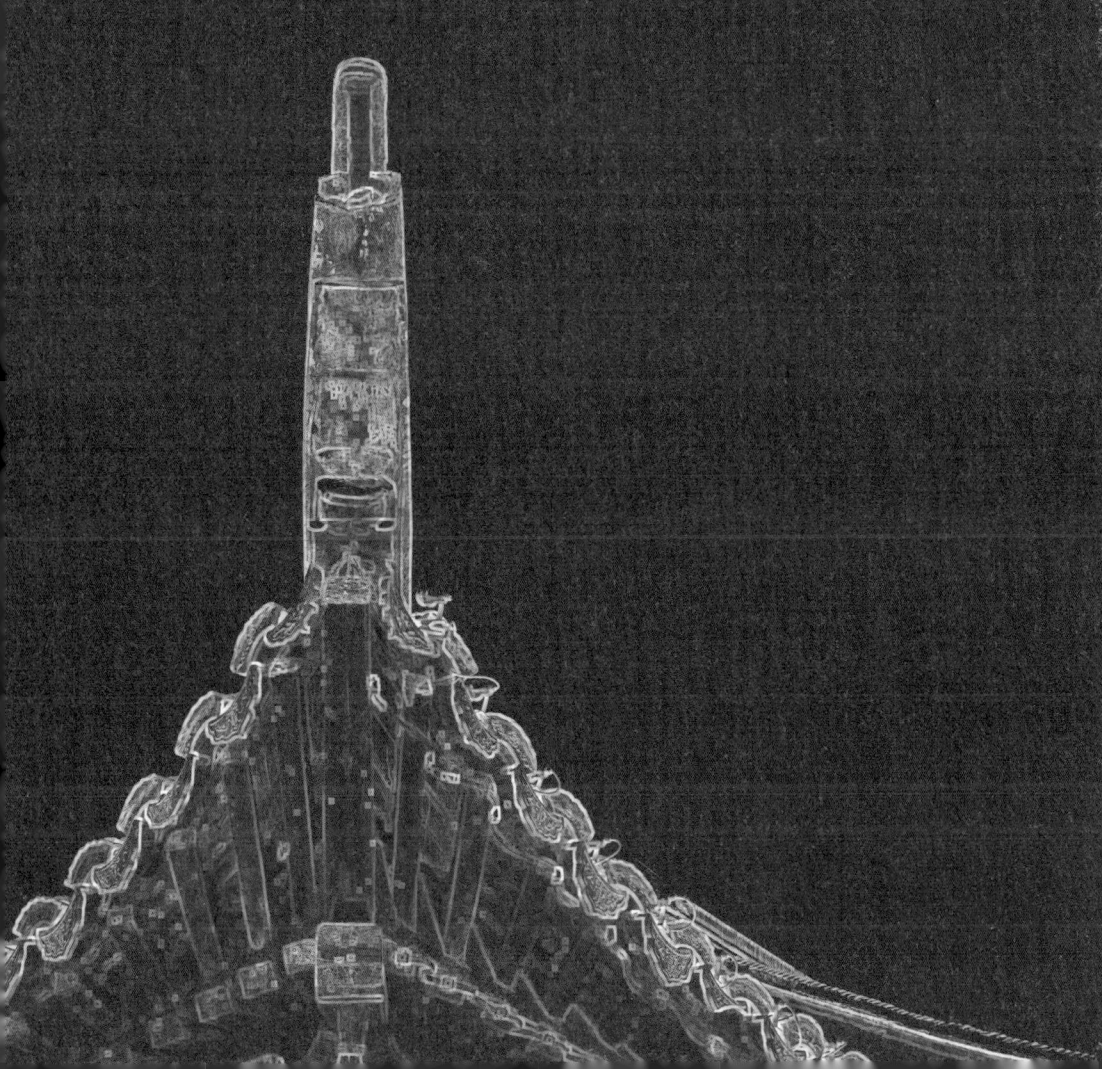

吴根越角,水韵江南

嘉兴,这座坐落于杭嘉湖平原上的古城,以其深厚的历史文化底蕴和独特的地理优势,成为江南水乡的一颗璀璨明珠。它北临苏州,东接上海,西依太湖,南倚钱塘,自古便是交通要道和文化交流的重要枢纽。这里,承载着距今约7000年的马家浜文化,见证了春秋战国时期吴越两国的辉煌,并在唐宋之后获得了长足发展。

嘉兴的历史,如同一幅流动的画卷,徐徐展开。吴国名将伍子胥练兵的胥山、见证吴越文化的国界桥、槜李之战的古战场,每一处都镌刻着历史的印记。嘉兴的城市名称,更是因稻而成,体现了这里优越的自然环境和深厚的农耕文化底蕴。三国时期,因"野稻自生"被视为祥瑞,东吴大帝孙权在此建立城池,取名"嘉禾",后为避讳太子孙和之名改称"嘉兴",简称"禾"。随着唐大历年间(766—779)朱自勉主持嘉兴屯田,嘉兴成为"嘉禾一穰,江淮为之康"的全国重要产粮区。即便在城市化进程飞速发展的今天,嘉兴仍享有"浙北粮仓"的美誉。

作为江南水乡的典范,嘉兴以其独特的水网生态和悠久的历史人文闻名。河道纵横,蛛网般的水系构成了其独特的地理特征,循水而生、城湖相依的历史人文特色深深烙印在城市的脉络之中。丰富的水网造就了嘉兴小桥流水人家的江南水乡景象;京杭大运河的开通,为嘉兴注入了新的活力,使其从封闭的江南一隅成为南北交通的重要枢纽,经济蓬勃发展。在这星罗棋布的丰富水网上,或古朴典雅,或雄伟壮观的桥梁建筑,是嘉兴市历史建筑中不可或缺的重要组成部分。

在嘉兴,历史建筑不仅是历史的一部分,更是文化传承的载体。既有传统民居的幽深宅院、粉墙黛瓦,也有近代受西方建筑文化影响的新式建筑,展现了东西交融、别具一格的风采。嘉兴的许多历史建筑是当年的富商、文化名人遗留下来的居住建筑,精致的雕梁画栋、精美的砖雕石刻,透露出主人的品位与追求,也令人们仿佛穿越时空,感受到那个时代匠人们精湛的手艺与经济的繁华。而斑驳的墙壁与褪色的门窗,又似乎在诉说着岁月的沧桑与变迁。这些建筑,承

嘉兴市历史建筑示意图（本图为位置示意，与实际尺寸不符，箭头表示范围外建筑）

载着主人的生平事迹，也承载着一个时代的文化气息和社会风貌。它们如同城市的守望者，静静地诉说着过去的故事，见证着时代的变迁。

作为"鱼米之乡"和"丝绸之府"，嘉兴不仅以其丰饶的自然资源和繁荣的农业产业著称，更以其深厚的文化底蕴和对文化教育事业的重视而闻名。在这里，茧站、米行、丝织厂、粮仓等产业建筑林立，它们曾是城市经济的支柱，也是嘉兴历史文化的重要组成部分。作为丝绸产业起点的茧站，见证了嘉兴丝绸业的繁荣与发展。作为嘉兴丝绸产业核心的丝织厂，展现了嘉兴丝绸工艺的精湛与创新。一筐筐洁白的蚕茧，一台台先进的织机，最终化作一匹匹精美的丝绸，走向全国、走向世界。与此同时，米行和粮仓是"鱼米之乡"的重要标志，水岸埠头将米行和粮仓连接起来，再度展现出嘉兴这座城市与水的紧密联系。这里承载着嘉兴农业的丰收与希望，也是嘉兴人民勤劳朴实的写照。

经济的发展，促进了商贸的繁荣和对治学的追求，在诞生诸多名人的同时，培育人才的学堂（学校）也成为嘉兴一道亮丽的风景线。从嘉兴的中学走出了金庸、陈省身、李政道、程开甲、朱生豪等诸多重量级名人……学校、博物馆等公共建筑，不仅是嘉兴文化教育事业的象征，更是嘉兴人民长期以来重视和追求文化教育的体现。

　　为了保护这些珍贵的历史建筑，嘉兴市人民政府不断加强对它们的保护与管理。为了保存建筑与文化的丰富性、多样性，除已公布的文物保护建筑外，2010年，嘉兴市人民政府公布了《嘉兴市加强历史建筑保护工作的意见》，对历史建筑作了明确规定。历史建筑一般指建成五十年以上，具有历史、科学、艺术价值，体现传统风貌和地方特色，或具有重要的纪念、教育意义，且尚未被公布为文物保护单位或文物保护点的房屋、桥梁、涵洞、码头、河埠等建筑物、构筑物；或建成不满五十年，具有特别的历史、科学、艺术价值，或具有非常重要的纪念、教育意义，且尚未被公布为文物保护单位或文物保护点的建筑物、构筑物。历史建筑的分类主要为公共建筑、居住建筑、生产建筑、桥梁建筑和其他。每一类建筑都承载着不同的历史信息和文化价值，它们是嘉兴历史文化名城的重要组成部分。迄今为止，嘉兴市人民政府已陆续公布了五批历史建筑，保护总数逐年增加，保护频次持续提升。

　　在经济可持续发展的当下，嘉兴人民以更加坚定的文化自信，继承与发展优秀传统文化，推动历史建筑文化价值的展现，促进城市功能的提升，为地方经济的繁荣发展贡献自身力量。这座城市，不仅是鱼米之乡、丝绸之府，更是人才辈出、文化荟萃的人文之府。吴根越角，水韵江南，嘉兴的历史建筑与丰富文化底蕴将继续为世人所传颂。

　　嘉兴，这座古老又充满活力的城市，正以其独特的魅力，吸引着来自世界各地的目光。在这里，一砖一瓦都诉说着历史的沧桑，每一处风景都展现着江南水乡的韵味。让我们走进嘉兴，感受这座城市的历史韵味，领略它的文化魅力，共同见证它在新时代的辉煌与繁荣。

公共建筑

公共建筑，作为城市社会活动的重要载体，不仅是非生产性的建筑物，更是城市文化与精神的象征，承载着社会生活的多样性和丰富性。在嘉兴这片历史悠久、文化底蕴深厚的土地上，公共建筑如同城市的心脏，跳动着时代的脉搏，传递着社会的温度。

城市历史与文化发展的见证

嘉兴的公共建筑，涵盖了办公、商业、教育、医疗、文化等诸多领域，是城市功能的重要组成部分，也是城市历史与文化发展的见证。截至2024年10月，嘉兴市区共有18处公共建筑被公布为历史建筑，每一处都有着自己独特的历史价值和文化内涵。

第一批（2010年）公布的7处公共建筑，见证了嘉兴从一个古老城市向现代化城市转变的历程，为嘉兴市成功申报国家历史文化名城作出了卓越贡献。第二批（2018年）

公共建筑示意图（本图为位置示意，与实际尺寸不符）

公布的 5 处、第三批（2019 年）公布的 4 处以及第五批（2022 年）公布的 2 处公共建筑，不仅丰富了嘉兴的历史建筑群，也展现了嘉兴在不同历史时期的发展与变化。这些历史建筑总体上得到了较好的保护。

城市记忆与情感的承载

嘉兴的公共建筑，也是嘉兴市民共同记忆的一部分。秀州中学、嘉兴南湖高级中学等学府，以其深厚的学术底蕴和优秀的教育传统，培育了一代又一代的杰出人才。从中走出了诺贝尔物理奖获得者李政道、"两弹一星功勋奖章"获得者程开甲等风云人物，他们的名字和成就成为嘉兴乃至中国的骄傲。嘉兴老邮电大楼、嘉兴旅馆等地，作为老一辈嘉兴人心中的记忆符号，承载着无数人的青春记忆和情感寄托。这些地方，见证了嘉兴市民的日常生活，记录了城市的发展变迁，成为嘉兴城市记忆中不可磨灭的一部分。南湖革命纪念馆老馆，更是具有特殊的纪念意义，它由嘉兴百姓捐款而建，不仅承载着南湖儿女对革命历史的敬仰和记忆，更是嘉兴人民团结一心、共同奋斗的象征。这座纪念馆，如同一座历史的灯塔，照亮了嘉兴人民的前行之路，激励着一代又一代的嘉兴人不忘初心，砥砺前行。

嘉兴的公共建筑，是这座城市宝贵的文化遗产，它们见证了嘉兴的历史，承载了嘉兴的文化，培育了嘉兴的人才，保存着嘉兴的记忆。让我们走近这些公共建筑，重温那一段段珍贵的集体记忆……

PUBLIC BUILDINGS

嘉兴南湖高级中学校舍
——昔日南湖之滨的最美校园

魏超　丁智萍

南湖高级中学行政楼
来源：郑宏斌摄影

建筑名称　嘉兴南湖高级中学校舍（现为南湖书院）
地　　址　嘉兴市南湖区南湖路 171 号
建设时间　1961—1962 年，第一期行政楼竣工；
　　　　　　1962—1964 年，第二期教学楼北楼竣工；
　　　　　　1986—1987 年，教学楼南楼竣工。
设 计 师　陆崧安
面　　积　5500 平方米
发展演变　1962—1964 年，竣工；
　　　　　　1980 年，开办校办工厂；
　　　　　　1988 年，高中部改办职业教育；
　　　　　　1994 年，成立嘉兴市职业中专分校；
　　　　　　1999 年，更名为南湖高级中学并扩建；
　　　　　　2007 年，万家中学搬迁于此并扩建；
　　　　　　2010 年，嘉兴南湖高级中学校舍被公布为嘉兴市区第一批历史建筑；
　　　　　　2015 年，北师大南湖附校高中部与南湖高级中学整合创办北京师范大学附属嘉兴南湖高级中学；
　　　　　　2020 年，学校搬迁，保留原始三栋校舍成立南湖书院。

轻烟漠漠雨疏疏，秀水泱泱泛红船。地处嘉兴心脏地带的南湖天地，坐落在绿荫掩映、秀水微澜的南湖边。这里有鳞次栉比的时尚商铺，热气蒸腾的酒馆食肆，游人如织，一派现代与历史交融、人文与自然辉映的景象。沿着湖滨步道向东南漫行，走出坊市喧哗，一栋黛瓦朱墙的楼宇赫然出现在眼前。檐角飞翘，隽永沉静，"凹"字形的布局仿佛张开的怀抱，在一片热闹中端然安坐。

　　正门口竖立的石碑"嘉兴南湖高级中学校舍楼"引人注目。曾闻南湖天地有绢纺厂舍、鸳湖旅社等历史旧址，未料到此处还有一所别致的中学。这所中学有着怎样的历史和过往？曾经有着怎样的故事？随着南湖中学的老校长和老校友们的讲述，这所南湖畔美丽中学的历史徐徐展开……

过 一 百 年 也 不 会 落 伍 的 设 计

　　现更名为"南湖书院"的嘉兴南湖高级中学校舍旧址，保留了三幢原教学建筑，均为红砖青瓦石基砖混结构，彼此相连，形成一个回廊。中间为行政楼，两侧为教学楼。行政楼建于1961年，教学楼北楼建于1963年。这两幢楼的设计者是南湖中学原总务处教师陆崧安先生[1]。

　　在学校的初创阶段，陆崧安先生担纲了主体建筑的设计工作。他巧妙地将20世纪50年代流行的苏式建筑与中国古典建筑的精髓相结合，创造出了一种独特的建筑美学。中轴对称，立面规矩，主楼高耸，回廊宽缓，横向五段式，纵向三段式，比例协调，颇富韵律。拱形门洞，灰瓦黄墙，飞檐翘角，宛如宫殿。楼宇古典中透着秀雅，屋顶采用"歇山顶"传统制式，九脊规整，山花洁白，状如鱼鳞；歇山面的垂鱼造型为古典"如意纹"。这一中式园林的立意，与湖心岛上的烟雨楼遥相呼应，展现出了全景风光的巧妙构思。"轻烟拂渚，微风欲来"，无疑是一处得天独厚、美丽宜人的神仙学府。

---

[1] 陆崧安（1903—1974），为人心灵手巧，擅于工艺制作，长期从事中学工艺劳技教学。1959年负责设计中共一大纪念船（南湖红船）。

南湖高级中学教学楼北楼
来源：郑宏斌摄影

行政楼顶楼"歇山顶"立面
来源：郑宏斌摄影

办适合的教育，助力学生成长

在查询南湖高级中学相关信息的过程中，团队联系上了南湖中学的刘凤楼[2]、邵元文[3]等老领导，特别得到了66届校友金永健先生的大力支持。年已花甲的金永健对在南湖中学的岁月感触颇深，"离开南湖中学已经五十年了，退休之后，常常想起当年求学时的往事，点点滴滴，恍映脑际"。

时光回溯至1961年，为了纪念中国共产党第一次全国代表大会在南湖红船上召开四十周年，同时响应南湖畔工农子弟对教育的热切需求，浙江省人民政府在浙江省教育厅的引领下，直接下文并拨款，筹建了这所以一大会址——南湖命名的完全中学。这所学校的诞生，不仅承载着深厚的历史意义，更肩负着培育新一代的使命。南湖中学自成立之初就备受瞩目，其领导团队和师资队伍的建设尤为受到重视。学校配备了一支实力雄厚的教师队伍，其中不乏教育界的佼佼者。"教师整体水平较高，大多数从不同地区抽调而来，曾在高中、普通师范、大学担任过教学工作。[4]"

这些教师不仅拥有丰富的教学经验，更具备扎实的专业知识和高尚的教育情怀。他们的到来，为南湖中学注入了强大的师资力量，也为学校的教育质量提供了坚实的保障。南湖中学的建立，是浙江省对教育事业的一次重要投入，也是对红色历史的一次深情致敬。这所学校的发展历程，不仅见证了中国教育事业的蓬勃发展，更承载了一代又一代人对知识、对理想的追求和向往。

不过，建校的过程充满艰辛。"20世纪60年代刚建校时，其实是筚路蓝缕！"老校长刘凤楼曾感慨地讲述，"我是从建德冶金学校调来的，教初二的物理。南湖中学1962年招生，招了四个班，224个学生，在现在的北楼上课。建校时，很多校舍都尚未完工，周围都是农田，没有操场。我们师生下课后一起劳动，肩挑手扛，从附近的工厂运来煤渣，把一部分水稻田填满成了操场"[5]。

忆起建校初期，另一位老领导邵元文告诉团队，那时候条件艰苦，没有专门的教师宿舍，就把旁边南湖中心小学的教学楼改成了集体宿舍。大部分

---

2 刘凤楼，1962—1996年执教于南湖中学，1979—1987年历任南湖中学副校长、党委书记。
3 邵元文，1965—1996年执教于南湖中学，任教思想政治学科，后担任南湖中学副校长。
4 引自：《嘉兴南湖中学1962年度第一学期工作总结》。
5 采访时间：2022年6月1日。

老师也很年轻，工作、生活、居住都在学校，与学校共甘苦，很多校内设施都是师生自己动手改造的。因此，一辈子在此工作的她对学校的感情格外深厚，"退休多年还魂牵梦萦"[6]。

1962—1964年，学校第一、二期工程分别竣工，融合了苏式建筑和中国古典建筑风格的三层教学大楼、传达室和办公楼格外引人注目。"记得刚入学时很兴奋，看到自己的学校漂亮又洋气，美如宫殿，感觉在这读书是一件特别幸福的事"，金永健笑道。

20世纪80年代南湖中学北楼
来源：邹庆华提供

十载跌宕，漫漫办学路

1964年，南湖中学二期工程竣工后，一所充满现代气息的全新学校正式落成，首任校长由唐镕[7]出任，叶汉超任党支部书记。1965年，首届初中四个班的学生正式毕业。然而，南湖中学那充满活力和朝气的年轻步伐在1966年遭遇了短暂停滞。据《南湖中学校史》记载，按照浙江省教育厅原定计划，

6　采访时间：2022年6月1日。
7　唐镕（1923—2020），1962—1972年、1978—1984年任南湖中学校长。

南湖中学最终要建成一所包含高中阶段的完全中学,然而此后十年间,建校计划无法继续,以唐镕校长为首的部分领导和教师受到影响,教学秩序陷入混乱,学校各方面的工作都遭到了破坏。

特殊时期的师生情依然真诚而浓烈。对此,金永健记忆尤为深刻:"1964年秋,吴守平老师做了我的班主任,从此一直是我的人生导师。初见吴老师,他的气质既潇洒又亲和,与我们相处时常以兄长的口吻,关心我们的生活。后来,我离校去乡里插队,也常与吴老师通信诉说苦闷与迷茫,获得了指点与开解。1977年恢复高考之际,我已离校十年,还向吴老师征询志愿填报事宜。回城后参加工作,一路走来,老师的宽慰鼓励,始终伴随着我,师恩难忘。[8]"

对启蒙老师同样殷殷难舍的,还有67届的校友——张新民。在语文老师王成铮、徐少雄的影响下,升入初二的张新民对写作产生了浓厚兴趣。1966年5月,14岁的他给上海《萌芽》杂志投稿,寄去了自己两三千字的小说手稿。不久后,他收到了第一封退稿信。杂志社遗憾地通知他,《萌芽》此时已停刊,请他修改后另投他刊。他把小说拿给徐少雄老师审读,老师提出不少修改意见。六年后,这篇凝结着师生情谊的小说入选了嘉兴《在延安文艺座谈会上的讲话》纪念征文。后来,张新民从机械学院毕业,分配至嘉兴冶金机械厂工作,业余时间仍持续进行文学创作,作品屡有见刊见报。其中,描写20世纪80年代双人竞聘工厂车间主任的作品《落棋有声》发表于《工人日报》,并入选全国初中语文教材。

在南湖中学短暂的办学生涯前期,还有一位闪耀的校友,他就是浙江中医药大学原副校长、"全国名中医"连建伟教授。连建伟是金永健的同班同学,嘉兴嘉善人。据金永健回忆,在南湖中学就读期间,连建伟就对中医产生了浓厚兴趣,喜欢四处搜寻医书古方。而彼时教授他们思想政治课的邵元文老师,也对连建伟印象深刻,称他学习刻苦认真,从小就是"老先生"的模样,课余喜欢和老师、同学谈经论道。

1970年,19岁的连建伟在嘉兴凤桥镇下乡,劳作艰辛,偶得闲暇,他便埋头钻研中医,并在一些偶然的机会下,用中医方帮助乡人治好了疑难杂症。乡人对这名年轻的"小大夫"交口称赞,求医者络绎不绝。四年后,连建伟调回嘉兴,拜师老中医费丰乐,抄方抓药。虽遭遇学业中断,对中医学

---

8 根据金永健《我遥远的南湖中学》系列文章与笔者对金先生的采访整理。

矢志不渝的他，在国医大师岳美中的鼓励下，恢复高考当年即以全国总分第一的成绩考取北京中医学院（现北京中医药大学）首届中医研究生，获硕士学位。毕业后的连建伟进入浙江中医学院（现浙江中医药大学）工作，长期从事方剂学教学。他治学严谨，坚持临床，长于辨证论治，医术精湛。代表作《历代名方精编》被载入《二十世纪中国学术要籍大辞典》，并先后编写《金匮要略校注》《连建伟中医传薪录》等多部专著，在业界与学界都产生了巨大影响，医名远扬海内外。2022年，连建伟被授予第二届"全国名中医"称号。

南湖高级中学北楼一隅
来源：郑宏斌摄影

重启后的春天

1978年，党的十一届三中全会召开，党中央作出改革开放的战略决策，中国教育的春天正式来临。经受历史洗礼的南湖中学，从此沐浴在改革的春风中，迈入了新阶段。唐镕继续担任南湖中学校长，并对学校的进一步发展作出了重要贡献。1980年，为进一步改善办学条件和规模，南湖中学开创了校办工厂"嘉兴市南湖摄影仪器厂"，主要生产教学仪器和感光材料。虽然创业条件艰苦，但工厂发展很快，短短几年后产品行销全国各地，被确定为国家教委教仪设备定点生产厂，年产值超百万元。工厂收益有力推动了学校教育、教学设施的改善。

1986年10月10日，南湖中学教学楼南楼工程开工，翌年9月14日竣工。南楼占地1689平方米，共四层，楼顶铺设咖啡色和米色玻璃马赛克，墙面使用米色玻璃彩砂浇筑，窗棂为中式建筑传统图纹的改良版"套方纹"。西立面与行政楼通过剁斧石⁹建造的中式连廊连接。

1988年，经嘉兴市人民政府批准，南湖中学高中部正式改办职业教育，创立了"嘉兴市商业职业中学"，嘉兴市商业职业中学与南湖中学实行"两块牌子，一套班子"。职高班生源增加，教学用房一度紧张。为改善用房设施，给职高班学生提供实验、实习场所，学校自筹经费36万元，在校址旁的南湖路68号，增建劳动技术教学楼（以下简称"劳技楼"）。劳技楼占地918平方米，包含两个车间和一个提升井，在教学之外，承载了校办工厂的功能。

据《南湖中学校史》记载，"对学校来说，转办职业教育是一个全新的挑战。办学初期，仅有上级分配的两名商学院毕业生任专业课教师，其余大部分课程都由原中学教师担任。全体教师艰苦奋斗，边学边干，克服了很多困难"。可见当时办学情况的艰苦。

1994年，南湖中学又成立了嘉兴市职业中专分校，增加招收职业中专学生，开设了金融、市场营销等专业。20世纪90年代后期，职中和职高分别增开了旅游、法律、商务英语、文秘、广告等专业，为社会输送人才数千名。1999年，南湖中学更名为"南湖高级中学"。为加快嘉兴市本级高中段教育发展，在嘉兴市教育委员会牵头下，决定进一步扩建学校。在原占地20亩的基础上，征用邻近的绢纺厂生产、生活用地和周围的居民用地近30亩，建造学校综合楼、学生宿舍、生活用房和运动场。班级数量也由18个扩大到30个。

南湖中学、嘉兴市商业职业中学20世纪90年代校门
来源：金永健提供

---

9 剁斧石，一种人造石料，其制作过程是用石粉、石屑、水泥等加水拌和，抹在建筑物的表面，待半凝固后，用斧子剁出像经过细凿的石头纹理，也叫作"剁假石"或"斩假石"。

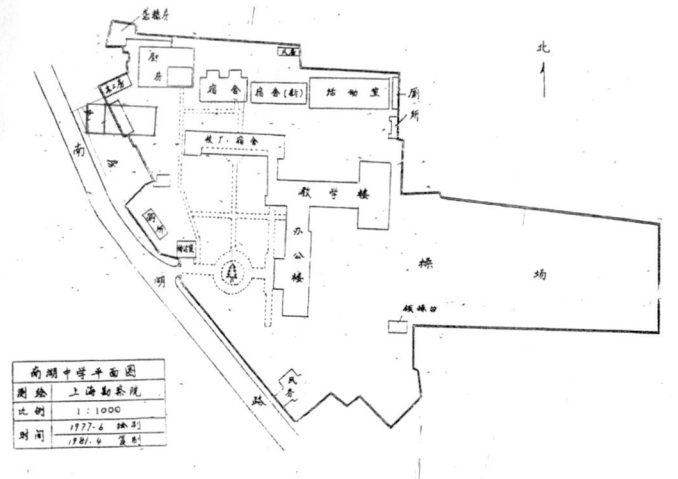

1977年南湖中学平面图
来源：嘉兴市档案馆提供

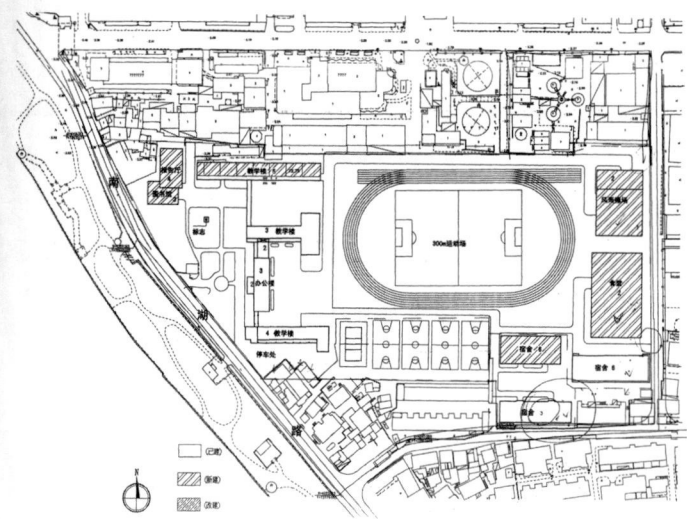

2007年南湖高级中学扩建方案总平面图
来源：嘉兴市档案馆提供

改造前的南湖中学
来源：深圳天华．全新漫步式先锋生活空间｜嘉兴南湖天地[EB/OL]．(2021-10-01)．https://mp.weixin.qq.com/s/3L83FSUdcjGrHhznWuT_Nw．

2007年5月，万家中学搬迁至南湖高级中学，学校用地由此前的39亩，进一步扩大到48亩。原先存在的办校困难愈发凸显，如原校址内图书室、阅览室严重不足，由绢纺厂金工车间改造的风雨操场不规范，原民房改造的教室、车间改造的食堂不符合标准，操场面积小且为煤渣跑道等。为此，并校后又重新修建了学生宿舍、食堂、教学楼、图书馆、风雨操场、塑胶跑道以及篮球场等。累计新建建筑面积11 000平方米，投资2100万元。

2015年，北师大南湖附校高中部与南湖高级中学整合创办北京师范大学附属嘉兴南湖高级中学，虽然校址如旧，但此时的办学主体与原本的南湖高级中学已经不同。

2020年3月，嘉兴市自然资源和规划局出具《建设项目选址意见书》[10]，批示同意了嘉兴市南湖湖滨区域，即南湖书院的改造提升工程。同年4月，北京师范大学附属嘉兴南湖高级中学搬至嘉兴市文贤路1089号。原南湖高级中学校址的三栋校舍保留，同时在街区的中心步道以东和校舍对面延续此处建筑文脉，按照湖滨整体规划设计建设"嘉兴书房"。书房布局有多业态混合书店、湖畔书馆和书院花园。从此，老校舍与新书房交相呼应，在互动式的空间布局中，共同构成南湖天地四景之一的"南湖书院"。书院周边还配置了研学体验馆、创新博物馆、湖滨剧场、嘉兴市红色教育中心、南湖发布厅等文化空间，共同实现书院的主要功能——"文化体验、教育培训和文化发布"。从此，走过七十载的校舍融入南湖书院这一先锋人文生活空间，蝶变升级，成为嘉兴新地标中又一个生动的空间记忆节点。南湖书院作为嘉兴文化传承的重要阵地，向公众免费开放。

2022年6月18日，团队在南湖书院踏勘时，恰逢来自嘉兴职业技术学院2022届的十几名毕业生在此拍摄纪念照。他们在北楼走廊排好队形，手中的学士帽被高高抛起，肆意的欢笑声响彻周围。不禁遥想，六十年前，一群充满朝气的孩子怀着兴奋和期待踏入新中学，想必也是同样的雀跃吧！悠悠一甲子，又有多少风华正茂的学子从这里毕业，满怀壮志地奔向人生新的征程。夕阳脉脉，垂柳依依，往昔峥嵘，也许只有南楼北楼做着沉默而深情的见证。

10　嘉兴市自然资源和规划局. 建设项目选址意见书 [EB/OL]. （2020-03-09）. https://zjjcmspublic.oss-cn-hangzhou-zwynet-d01-a.internet.cloud.zj.gov.cn/jcms_files/jcms1/web2778/site/attach/0/298b1d8f5a834367ba596d92893621b6.pdf.

南湖高级中学校舍西侧大门入口
来源：郑宏斌摄影

南湖高级中学北楼侧影
来源：魏超拍摄于2022年6月

嘉兴秀州中学校舍（北斋）
——项家漾畔小楼立，悠悠百年名校史

杨文睿　黄琴琴

北斋全景
来源：郑宏斌摄影

建筑名称　嘉兴秀州中学校舍（北斋）
地　　址　嘉兴市南湖区建设街道丁家桥社区环城东路75号（嘉兴秀州中学内）
建设时间　1912年7月
设 计 师　不详
面　　积　约663平方米
发展演变　1912年7月，建成；
　　　　　1912年10月，学生搬入北斋学生宿舍；
　　　　　20世纪80年代，因白蚁问题修缮；
　　　　　2018年左右，进行屋顶加固；
　　　　　2019年，嘉兴秀州中学校舍（北斋）被公布为嘉兴市区第三批历史建筑。

柳影微雕，花气清婉，琅琅的读书声不绝于耳……秀州中学，这所位于环城东路上的百年名校，在经历了一个多世纪的风雨后依然屹立于秀水河畔。

秀州是嘉兴的古名，源远流长，深入人心。天福五年（940），吴越国钱元璙[1]奏请武肃王钱镠在嘉兴县设秀州，领嘉兴、海盐、华亭、崇德四县，州治设在嘉兴。因此，嘉兴又称"秀州"，"秀州中学"一名即出于此[2]。1900年初创时还没有"学校"一词，因而被称为"秀州书院"，1918年更名为"秀州中学"，曾是嘉属七县的最高学府。

百年来，秀州中学以"爱国、爱校、民主、科学"为校训，培育出了一大批民族精英和世界名人，包括世界数学大师陈省身，诺贝尔物理学奖获得者李政道，"两弹一星功勋奖章"获得者程开甲，中国科学院院士顾功叙、周廷儒、谭其骧、周廷冲、钦俊德，首译《莎士比亚全集》的"译界楷模"朱生豪等。他们在秀州中学度过了难忘的中学时代，在校园内留下许多令后人津津乐道的故事。曾经的东斋、西斋、南斋、北斋等校内建筑见证了一批批杰出校友的成长。如今，仅留下了北斋这一座历史建筑，在走访这座历经百年沧桑的嘉兴市历史建筑的同时，可以重温百年名校的峥嵘校史。

北 斋 往 事

据《嘉兴市志》记载，秀州中学原系美国基督教南长老会于1900年创办的教会学校。1918年，更名为"秀州中学"。1927年，美国基督教南长老会决定停办，在校友、职工和学生会的共同努力下，学校坚持自办，收回教育权[3]。

校舍分为东、南、西、北四斋，其中的东斋和西斋已于20世纪80年代因白蚁问题被拆除，南斋也升级为新的科技馆，只剩北斋留存至今，并于2019年入选嘉兴市历史建筑。

北斋是一座砖木结构的三层小楼，其名颇具中华传统文化之韵味。古代文人喜欢称自己的书房为书斋。"斋"意为屋舍，常指书房、学舍、饭店或商店，而"斋"字亦有清净、脱离世俗之义。学校的创办者赋予校舍如此风

---

1 钱元璙（887—942），字德辉，杭州钱塘（今浙江杭州）人，是五代十国的吴越国王钱镠第六子，封广陵郡王。

2 薛九皋. K.H.S的由来[M]//《雪泥鸿爪忆秀州》编辑委员会. 雪泥鸿爪忆秀州：嘉兴秀州中学校史集. 杭州：杭州钱江彩色印务有限公司，2000：150.

3 《嘉兴市志》编纂委员会. 嘉兴市志[M]. 北京：中国书籍出版社，1997：850.

雅之名，能感受到他们对学生有潜心修学、学有所成之寄望。北斋始建于1912年，是早期办学时期校内的主要建筑之一。因经过两次大修，北斋外部状态良好。

相关历史建筑档案资料显示，该建筑为东西走向，坐北朝南，中间走廊，共七开间，东西总长约21米，进深约9.9米，建筑面积约663平方米。2008年汶川大地震后，出于安全考虑，对北斋进行过加固改造。2010年，实施了最新一轮加固改造工程，内、外墙均用6毫米钢筋网片两面包夹，再用水泥砂浆粉刷，外墙贴面砖，红砖勾线；北斋原地基为砖砌，采用灌注水泥浆的方法加固，并在内承重墙基础浇筑混凝土梁板[4]。

历史上，北斋的功能也有一定的演变。秀州中学初中部校长李新浩介绍，北斋最初作为学生宿舍使用，之后作为教师办公室，一楼也曾有过教室。校刊《秀州钟》第一期大事记中曾提及，1912年7月新三层楼告成，10月学生进入宿舍。李校长还谈道，北斋也曾作为学生会办公室。早期办学时，学生会被称作"学生自治会"。由于学生会参与整个学校管理，维护学生利益，因此学生会对秀州中学而言意义重大、影响深刻。因北斋体量较小，内部无法设太多教室，不具备开展大型教育教学活动的条件。因此，北斋目前用作学校中层干部办公室及功能室，包括心理健康室、总务处仓库、校医室、文印室、工会活动室等。

北斋门楣
来源：郑宏斌摄影

北斋嘉兴市历史建筑挂牌
来源：郑宏斌摄影

---

4 嘉兴市建设局科技处. 嘉兴历史建筑：百年名校秀州中学里的校舍（北斋）[EB/OL].（2020-10-30）. https://mp.weixin.qq.com/s/IklgKFF60n1NpxlMzj56fw.

北斋曾经承担着教育教学的重要功能。如今，它不仅继续发挥着教育教学的相关作用，更承载着一种情感、回忆和追思。对许多毕业于秀州中学的学子来说，它是母校的象征。

李校长回忆，这幢楼里出过很多名师大家，他们曾在此办公、学习，发生了很多让校友们难以忘怀的故事。例如，著名的谭其骧院士，当年就在这幢楼里读过书，他的后人拜访秀州中学时特地参观了北斋。值得一提的还有中国数学史研究创始人钱宝琮先生之子钱克仁先生，他在浙江大学数学系时曾师从著名数学家、教育家苏步青先生。钱克仁先生于1929—1934年就读于秀州中学，并担任过学生会主席。1946年，钱克仁先生又应母校之聘返校执教高中数学，因其品格高尚、正气浩然、治学严谨、教学精湛，深受学生爱戴。当时，他尚未结婚，居住在北斋二楼。回到母校服务执教，是他对母校、恩师深切之爱的拳拳回报。如今，这份爱一代一代得以延续。2021年，钱克仁之子钱永红先生到访秀州中学，他虽不是秀中人，却来到父亲的母校，并坚持要在北斋前留影以纪念他的父亲。望着北斋二楼的窗户，脑海中似乎浮现出钱克仁先生当年青灯伏案的画面……

除了北斋，校史楼和行政楼均于2000年被评为嘉兴市文物保护单位。这些老房子的屋顶与门窗虽已不再鲜亮，墙上也布满深深浅浅的岁月痕迹，却依然保持着当年雅致的风貌。校史楼前矗立着顾惠人校长的铜像，正是这位执校28年的校长在教育救国的呼声中带领秀州中学走向辉煌，使秀中精神在嘉禾大地生根发芽，远播四海。

长相忆，校舍留往事

北斋、东斋、西斋和南斋都为砖木结构。东斋和西斋于1910年1月落成，其中西斋为当时主要的教学场所。

《雪泥鸿爪忆秀州：嘉兴秀州中学校史集》一书中亦有关于当时校舍的描述，1928年以来，学校建筑设备方面，除原有西斋、北斋、科学馆和图书馆等校舍外，1929年始，筑自流井水塔，1930年改造西斋三楼为宿舍[5]。

5　《雪泥鸿爪忆秀州》编辑委员会. 雪泥鸿爪忆秀州：嘉兴秀州中学校史集[M]. 杭州：杭州钱江彩色印务有限公司，2000：7.

秀州中学校史楼
来源：郑宏斌摄影

顾惠人校长铜像
来源：郑宏斌摄影

秀州中学行政楼
来源：郑宏斌摄影

西斋刚落成时西立面和南立面
来源：秀州中学初中部老师朱良声提供

1914年秀州书院全体师生在西斋前合影
来源：秀州中学初中部老师朱良声提供

原项家漾畔校门
来源：秀州中学初中部老师朱良声提供

校门的位置亦有所变化。在20世纪二三十年代，校门的位置位于西面项家漾，也就是如今的秀州路上。这也印证了秀州中学知名校友——嘉兴学院朱培林教授的诗句："项家漾畔古学堂，高峻门墙育栋梁。"

在不少校友的回忆文章中也能找到这些校舍的踪迹，它们陪伴和见证了他们在秀州中学的时光，即便几十年过去，他们依然记忆犹新。1939届校友薛传绶在《回忆母校秀州》一文中写道："当年的校门开在项家漾，校门上有基督教秀州学校的校名，并有钟楼。门房周显明，每隔半小时及上下课时均打钟一次，声闻全城……迎面是西斋，上有1910年建造的字样，进门拾级而上，自左起是会客室、教务处、校长室、会计室、训导处、事务处。右首是两间大教室（306号和307号），后来改为教务处和教员休息室，可以说这里是学校的行政重地。穿过西斋，左是北斋，二楼是教员寝室。[6]"1940届校

---

6 薛传绶.回忆秀州母校[M]//《雪泥鸿爪忆秀州》编辑委员会.雪泥鸿爪忆秀州：嘉兴秀州中学校史集.杭州：杭州钱江彩色印务有限公司，2000：41.

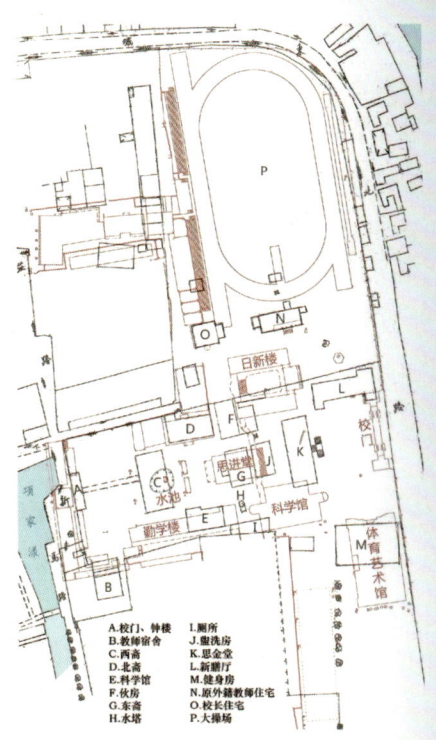

20世纪50年代与2012年学校平面图叠加（红色部分为2012年）
来源：李新浩，岳钦韬．传承与复兴：秀州中学文献萃编（1900—2020）[M]．嘉兴：嘉兴吴越电子音像出版有限公司，2020．

友朱谨初在《秀州中学杂忆》一文中也对母校布局进行了细致描写："西斋是一座三层建筑，一二层为教室、办公室，三层为阁楼，是低年级学生的宿舍。穿过西斋，往东对面一座楼，为东斋，楼下一层为食堂，二楼为图书馆、报纸阅报室，还有小银行；三楼也是阁楼、图书馆书库。东斋的东侧有一长排建筑，是学生的盥洗室，东斋的南侧有地下水井、抽水机房和水塔。[7]"随着校舍的更新换代，曾经的东斋、西斋已不复存在，留下的北斋、行政楼和校史楼这三座世纪建筑见证了学校一百多年的风风雨雨，变得尤为珍贵。

值得一提的是，西斋现已复建完成。而复建西斋的缘由，正源于有人对它的牵挂，此人便是"两弹一星"元勋程开甲院士。2015年4月8日，李新浩校长在校友会领导的陪同下，一同前往北京拜访程老先生。李校长向程老先生介绍道，嘉兴市教育局将拨款用于校园的加固改造，因为许多建于20世纪80年

7　朱谨初．秀州中学杂忆 [M]//《雪泥鸿爪忆秀州》编辑委员会．雪泥鸿爪忆秀州：嘉兴秀州中学校史集．杭州：杭州钱江彩色印务有限公司，2000：44．

代的房屋，已不符合安全要求。程老先生听闻后，高兴之余转过身问道："那西斋还修不修？"程老先生在秀州中学学习生活了六年，当时西斋用作教室和学生宿舍，程老先生在那里留下了很多回忆。在朱谨初校友的回忆文中也曾提及当年读书时的趣事："当时高年级的程开甲同学，一面背书，一面脑袋左右微微晃动。我们几个顽皮小同学，看得兴起，就要窃窃地笑他。[8]"然而，2015年时还未有重建西斋的计划。直到2018年11月17日程开甲院士作古，在从北京吊唁归来的途中，李校长想起程老先生问他的那句话，萌生出重建西斋的想法。在校领导和嘉兴市教育局的共同决议下，2024年5月，西斋暨程开甲纪念馆开馆，这不仅了了程老先生的一桩心愿，也恢复了一座珍贵的历史建筑，更赋予了它新的时代意义，将其建设为科技教育和爱国主义教育的高地，更好地弘扬"两弹一星"精神。

像程开甲院士这样，在毕业多年后依然心系母校的校友数不胜数，其中更有不少感人至深的故事。

1937年，抗日战争爆发，校舍被日军侵占，秀州中学的师生也开始了流亡。流亡之路横贯浙赣，泪别湘江，穿越湘黔，迢迢千里。最初，顾惠人校长率领部分学生在联合组办的位于上海的"华东联中"里孤岛求学，秀州中学成为办学的主力军，然而随着租界沦陷，秀州中学也中断了办学。接着，由顾惠人校长牵头，赣州联中成立。虽然赣州联中终因战争而停办，可秀中精神从未中断，秀中学子执着求学。1945年，终归故里。赣州联中的办校条件虽很艰苦，但老师们甘之如饴，循循善诱，同学们朝夕勤读，晨光熹微中书声琅琅。这段艰难的岁月令师生们刻骨铭心，更是秀中校史上光辉的一页[9]。

为了回顾和铭记这段历史，2015年暑期，正值建校115周年，也是抗战胜利70周年之际，李校长带着五十多位师生赴赣州，重走抗战求学之路。到了赣州，校友会赣州分会会长、当时已85岁高龄的胡祖荫奶奶，在太阳底下等待。看到学校的大巴开近，她激动不已，不顾高龄，快步上前迎接，她激动地拉着李校长的手哭着说："校长，我在这里等了70年。母校校长带着师生又回来了，我见到亲人了。"老一辈秀中人对母校的牵挂，如同一条跨越时空的纽带，将一代又一代的学子紧紧相连。胡奶奶虽然是赣州联中

---

8 朱谨初. 秀州中学杂忆 [M]//《雪泥鸿爪忆秀州》编辑委员会. 雪泥鸿爪忆秀州：嘉兴秀州中学校史集. 杭州：杭州钱江彩色印务有限公司，2000：44.

9 秀州中学. 秀州中学光辉一页——赣州联中（1942—1945）大事纪 [EB/OL].（2022-04-21）. https://mp.weixin.qq.com/s/DE1J7lSLLuatpotVU8sDiA.

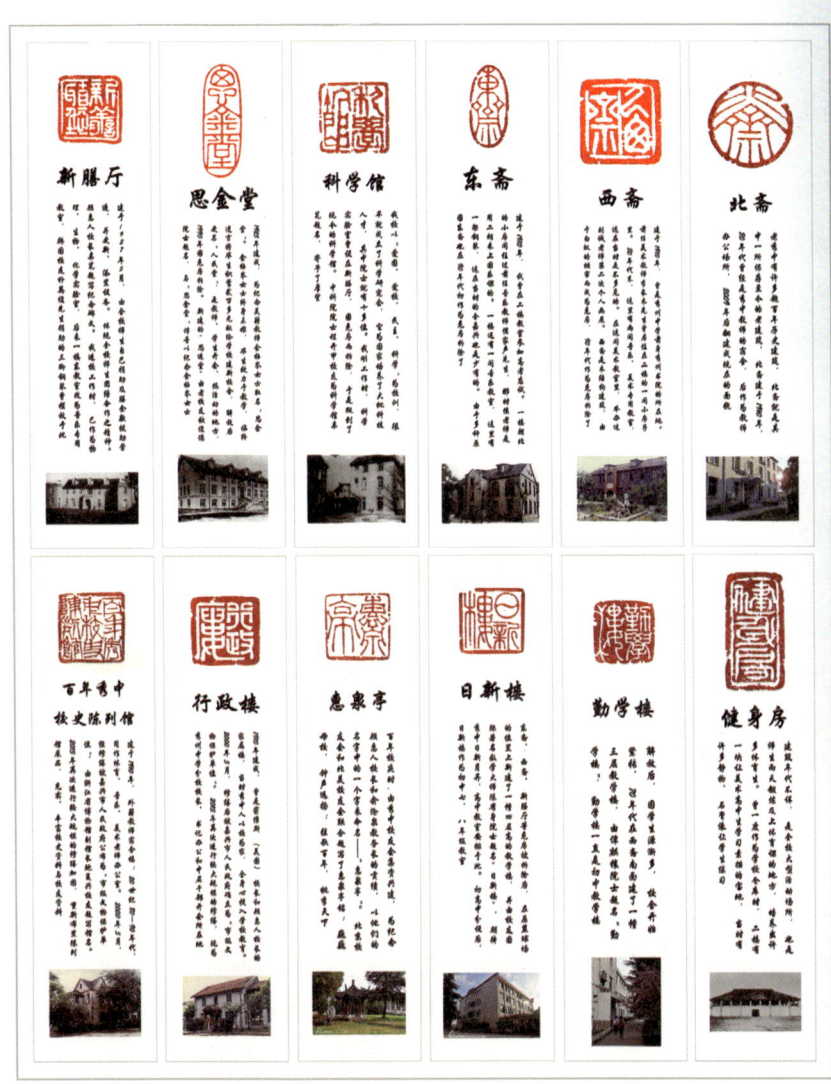

秀州中学美术老师刘诚为秀州中学每幢校舍设计的刻印
来源：刘诚提供

时期的校友,但那份对母校的情感,并没有因为时间的流逝而淡化。相反,她对如今的秀州中学同样充满了感激和挂念。这份情感所承载的意义,不仅仅是对过去的怀念,更是对未来的期望,这正是百年秀中的灵魂所在。无论岁月如何更迭,无论身处何方,秀中人的心中,总有一份对母校的深深眷恋。

母校情,教师恩,同学亲

为何秀中人对母校的感情如此深厚,即便岁月流转,依然心怀牵挂?这源于当年爱国教育家顾惠人校长所倡导的办学理念"学校家庭化、生活纪律化、头脑科学化、身手平民化"。这一理念如同一盏明灯,照亮了秀中人的心灵,指引着学校的发展方向。

学校在顾校长的带领下,成为一个温暖的大家庭。在这里,学生不仅学习知识,还学会生活;不仅追求学术上的卓越展现,还注重良好品德的培养。学生和老师之间,不是简单的教与学的关系,而是有如亲人般的深厚情谊。他们相互扶持,共患难、同甘苦,形成了一种难以割舍的羁绊。

正如李校长所概括的十五字箴言"常念母校情、常感教师恩、常忆同学亲",这份情感如同一条跨越时空的长河,润泽着每一位秀中人的心灵。它不仅是对过去的怀念,更是对未来的期许;不仅是对个人成长的感恩,更是对集体荣誉的珍视。

人民教育家陶行知先生曾为秀州中学题词"平民教育的策源地"。他倡导的"平民教育"这一理念在秀州中学的百年传承中,逐渐发展出更具实践性的校本解读。这样的教育理念使一代又一代的秀中人传承着"爱国、爱校、民主、科学"的秀中精神,在新中国的建设中不忘初心,勇担重任。朱生豪先生就是一个好榜样。他出身贫寒,在秀州中学读书期间身体不好,母校对他关怀备至,学成后他为回报母校返回母校教书。他去世后,他的夫人宋清如又回到秀州中学教授语文,她德才兼备,教育有方,桃李满天下。她的学生、优秀作家陆扬烈先生如此回忆自己的母校:"人生苦旅,风霜雨雪,谁也难逃。每当我们颠沛流离,受难困苦时,母校就是心田深处的一角绿洲。那里有着无忧无虑的青少年时代黄金岁月;有着纯真无邪、真诚博爱的友情。给你安慰,给你鼓舞……"

"南挹湖光秀,东迎塔影高",这句校歌中的描述,曾是秀州中学校园风光的真实写照。然而,随着时光的流转和城市的更新发展,学校的环境已经发生了翻天覆地的变化，不再与校歌中的景象完全相符。但秀州中学初中部作为嘉兴市唯一一所在同一文脉地办学逾百年的学校，其校内的历史建筑依然蕴含着不可替代的意义和价值。它们如同沉默的守望者，见证了秀中百年的风雨历程，成为校园中一道独特的风景，承载着秀中人共同的记忆与精神。它们不仅是秀中历史的见证者和传承者，更是一代代秀中人情感的纽带，步入校园，那些古老的建筑便唤起人们对青春岁月的怀念与自豪。这些建筑，犹如厚重的史册，记录着秀州中学的辉煌，对校史研究和秀中精神的传承具有不可替代的价值。通过对这些建筑的保护与研究，可以使人们更深刻地理解和弘扬秀州中学的办学理念与文化传统，让秀中精神在新时代继续闪耀。

本文得到了李新浩校长的大力支持，特此表示感谢。

嘉兴老农校
——菜花泾畔忆丰年

李慧婷　宁云靖

老农校6号楼
来源：郑宏斌摄影

建筑名称　嘉兴老农校
地　　址　嘉兴市南湖区解放街道大新路233弄56号（嘉兴广播电视大学内）
建设时间　6号楼（原办公楼）、8号楼（原教学楼）皆建于1954年
设 计 师　不详
面　　积　6号楼964.2平方米，8号楼912.8平方米
发展演变　1950年9月，在嘉兴简易师范学校校址成立浙江省立嘉兴农业技术学校；
　　　　　　1953年，改名为浙江省嘉兴农业学校；
　　　　　　1954年5月，迁至菜花泾（即现址）；
　　　　　　1962年8月至1964年9月，停办；
　　　　　　1958年后，校名几经更改，于1983年恢复为"浙江省嘉兴农业学校"；
　　　　　　1985年，学校进行教育改革，招收第一个不包分配班；
　　　　　　1998年，嘉兴农业学校与嘉兴丝绸工业学校联合办学；
　　　　　　2002年1月，正式成立嘉兴职业技术学院；
　　　　　　2016年，嘉兴职业技术学院与嘉兴广播电视大学合署办学；
　　　　　　2018年，嘉兴老农校被公布为嘉兴市区第二批历史建筑。

走进大新路嘉兴广播电视大学校区，很难不被6号楼和8号楼大门上方的耀眼红星所吸引。斑驳的粉墙、庄重的姿态，彰显出岁月的积淀。

这两栋楼建于1954年，是仿苏式建筑，坐北朝南，双列式，两层砖木结构，清水砖墙。6号楼为红瓦双坡屋顶，九开间，建筑面积964.2平方米，目前用作行政办公用房，建筑保存较为完好；西侧的8号楼为红瓦四坡屋顶，十三开间，建筑面积为912.8平方米，目前处于危房状态。这两栋嘉兴市的历史建筑，背后有着怎样的历史？又承载了怎样的过往呢？

老农校8号楼
来源：郑宏斌摄影

老农校的前身——嘉兴简易师范学校

这两座历史建筑曾属于浙江省嘉兴农业学校（以下简称"农校"），其前身为嘉兴简易师范学校（以下简称"简师"），由冯熙先生于1947年创办。1909年，冯熙出生于嘉兴大桥乡，从浙江省立杭州师范学校毕业后，教育之梦便融入他的生命。他一生奉献于教育事业，抗战前任嘉兴师范讲习所所长，抗战时期任昌化县教育科科长、兼任嘉属七县联合中学校长，抗战胜利后又返回嘉兴，任嘉兴县教育科科长。

由于时任浙江省教育厅厅长陈布雷的倡导，在全省推行小学义务教育并培训师资的浪潮中，冯熙深受启发，深感普及教育和师资培养的重要性与迫切性。1947年，他毅然决然地辞去职务，投身于简师的创办工作。学校选址于风景秀丽的南湖之畔——南堰，一处低矮的堤坝旁。校园建立在一片义冢地上，校舍则是由庙宇和尼姑庵的旧房改造而成，屋后还有一位年迈的尼姑居住，但当时简陋的条件并未阻挡冯熙先生对教育事业的热忱。他的教育梦想如同一束希望之光，照亮了当时的荒地，催生了一排排绿树的茁壮成长，彰显了教育的力量，寄托了未来的希望。

学校不仅提供食宿，还免学费，主要招收身体健康、品学优良，有志于农村教育事业的初中、小学毕业生。由于报考人数众多，为了充实师资、确保教学质量，冯先生不仅聘请当时有一定社会名望的教师，还从浙江大学、上海光华大学、江苏教育学院等高校聘请毕业生到校任教[1]。

简师的教务员是嘉兴梅氏后人梅敬钦（又名梅镜清）。据曾任秀洲区建设乡和王店镇文化站站长的梅晓民先生在《〈嘉禾梅氏宗谱〉人物选录》一文所记，梅敬钦为嘉兴梅氏先祖梅晟懿十八世孙，梅晓民为十九世孙。元至正年间（1341—1368），梅晟懿受命自宣城赴海盐县任令，居海盐沈塘，后有分支因战乱避居于嘉兴东南梅家浜。梅敬钦喜爱书法，曾任私塾教员，于简师任教期间加入中国民主同盟。1958年离开农校，1986年重回农校至退休[2]。据悉，梅晓民的父亲即毕业于简师。梅氏人才辈出，始终秉承先辈"教育为本、事业为华"的家训。

冯熙先生作为简师校长，以治学严谨著称，他经常告诫学生："学习没有捷径，唯有'人一能之，己百之；人十能之，己千之'的勤奋精神，方能练就真才实学，以服务社会。"他以身作则，言传身教，培育了优良的校风，使简师每年都能为农村教育输送一批批优秀的教师。到了1950年秋，简师停办，转型为浙江省立嘉兴农业技术学校，冯先生也转任德清县中学继续他的教育事业。

厚德奋进的农校人

1950年9月，浙江省立嘉兴农业技术学校在简师的基础上成立，由金志文担任副校长，受嘉兴专员公署及浙江省文教厅领导。1952年，盛平副专员兼任校长，徐岩随后加入担任副校长并继任书记，他亲历了校园内6号楼和8号楼的建设过程。

农校初创时，坐落于风景如画的南湖旁——简师的旧址上，与烟雨楼遥

---

1 石守信. 冯熙校长与嘉兴简师教育[EB/OL].（2019-11-30）. https://www.sohu.com/a/357395400_100014684.
2 梅晓民.《嘉禾梅氏宗谱》人物选录[EB/OL].（2021-11-20）. https://mp.weixin.qq.com/s/mpinV-SeMaJMa73hsH-W-Q.

曾经的办公楼——6号楼
来源：平培元提供

1954年农校校门
来源：嘉兴农校校庆纪念册编委. 浙江省嘉兴农业学校建校40周年纪念册（1950—1990）[M]. [出版地不详]: [出版者不详], 1991.

相呼应。但随着发展，南堰校址的空间逐渐变得局促。1954年5月，学校迁至菜花泾。清代诗人诸凤翔在《禾事闲吟》留下"翠华昔日幸双溪，凤艒龙䑠尽向西。传语菜花泾驻跸，水围夜宿万星齐"的诗句，描绘了康熙皇帝南巡时被油菜花海吸引，驻跸观赏的盛况，赋予了这片土地"菜花泾"的美誉[3]。

1954年，随着新校舍的建成，嘉兴农校迎来了其发展的新篇章。新建办公楼6号楼与教学楼8号楼成为师生们努力与奋斗的见证。在建设期间，师生们热情高涨，积极参与到搬砖运瓦、挑泥填土的劳动中，即便在暑假，也有许多同学自愿留下帮忙，全然不顾手上磨出的水泡，以实际行动展现了他们对梦想的执着追求和对未来的无限憧憬。

教工宿舍，原是广东会馆存放棺木的房屋，经过修葺后成为教工们的居所。尽管时有毒虫出没，教工们却以对生活的热爱坦然处之。同年，8号楼前，农校首届毕业生们的灿烂笑容，开启了一代又一代农校人美好记忆的篇章。

在2008年同济大学浙江学院建成校区前，6号楼一直被其借为办公楼使用。这座朴素而优雅的建筑在历史的长河中熠熠生辉，正如当年简朴的校门上"浙江省嘉兴农业学校"的木制校牌，它不仅承载着农校人的精神，更激励着他们以艰苦朴素、实事求是、厚德奋进的态度，不断前行。

农校作为嘉兴市历史上的高等学府，培育了无数农业、林业、园艺、养殖、蚕桑、农机等领域的专业人才，其中包括浙江省人民政府原副省长李德葆与

3　嘉兴地名. 菜花泾社区, 因附近菜花泾河得名[EB/OL].（2022-09-25）. https://www.toutiao.com/article/7146860162211512873/?wid=1728693889776.

处于危房状态的 8 号楼
来源：郑宏斌摄影

原嘉兴市委副书记、市长杜云昌等杰出校友。据农校原党委书记平培元回忆，当时的中专教育是精英教育的典范，嘉湖地区的许多乡镇干部和农技骨干都是农校的毕业生，他们在各自领域取得了显著成就，有的成为高级农技专家，有的担任县处级干部，有的成为市厅级领导，还有的在商界崭露头角，成为成功的创业者和企业家。

1982 年 1 月，平培元大学毕业后被分配到农校，担任栽培课教师。自建校以来，农校历经风雨和改革，校名也随之多次变更，包括嘉兴农业专科学校、嘉兴农学院、嘉兴农业学校、嘉兴地区农业学校等。直至 1983 年，嘉兴撤地建市，校名再次恢复为浙江省嘉兴农业学校，标志着学校发展的新阶段。

农校曾招收初中毕业生进行五年制大专教育，高中毕业生进行四年制本科教育，后调整为三年制中专。1977 年，随着"统招统配"制度的恢复，农校的学生一入学便获得城镇户口，毕业后由国家分配至党政机关或事业单位。平培元回忆，当时的农校对那些渴望早日"跳农门"的初中尖子生来说，是极具吸引力的首选。因此，农校吸引了大量优质生源。

考虑到学生普遍年龄较小，学校对学生的管理十分人性化且关怀细致。"师生本无私，同学更相亲"，毕业生们定期举办的聚会也证明了他们对这份校园情谊的珍视。平培元作为班主任，他所带领的班级在毕业 30 周年聚会时，有超过 90% 的同学依约前来，这充分体现了他们对校园时光的深情怀念。

这份深厚的情感源自师生间真挚的相互尊重和真诚相待。平培元解释说：

"学生来校学习都住校,同吃同住同学习,相互间感情都很深。农校小班上课,师生间很熟悉。学生年纪小,每班都配备班主任,几乎从早出操管到晚自修,乃至熄灯,管思想、管学习、管生活。老师以学生为重,对他们非常关心,真诚地帮助他们,陪伴着他们成长,给年少的他们留下了深刻印象,毕业后仍不忘自己的老师。"

农校自始至终重视实践教学,实习和实验课程占比颇高。平培元刚到农校便负责带队实习,联系实习基地。农学专业的学生通常需要到本县农科所或农场进行生产实习,这些地方通常远离城镇,且嘉湖地区水乡的交通多依赖水路——"公路不通,水路一条",师生们常乘坐轮船前往,一次往返就是大半天。此外,农校的劳动教育同样具有深刻的年代特色,师生们参与农忙时节的抢收,学期初与学期末还会进行大扫除,亲手为校园除草,体现了那个时代劳动的光荣与质朴。

1985年,响应国家教育改革的号召,农校开始尝试教育改革。校长朱志立积极探索"农业中专人才直通农村"的教育模式,致力培育"立足家庭,服务乡村"的创业型人才,引领设立不包分配班。这一改革举措激励众多毕业生回乡创办家庭生态农场,推广科技兴农,成为"星火计划"的领头人。

曾经的农校
来源:平培元提供

农校的改革不仅成功适应了市场经济的需求,还为职业教育改革作出了示范。

农校因此在教育改革方面屡获殊荣,包括农业农村部科技教育司颁发的"中等农业教育不包分配班实践教学先进单位",农业部授予的"中等农业教育改革先进单位",以及国家教育委员会授予的"科教兴农先进学校"等称号。朱志立校长个人也荣获了全国教育系统优秀教育工作者、劳动模范、全国中等农校优秀教育工作者、"南湖俊杰"等荣誉,彰显了农校在教育改革中的重要贡献和影响力。

2011年,吴菊萍以"最美妈妈"之名,勇敢地用她柔弱的双臂接住了从十楼坠落的两岁女童,这一壮举不仅让她荣获"全国见义勇为模范"称号,更被评为"感动中国2011年度人物"。这位1997年进入嘉兴农校的校友,让人们见证了人性中的光辉能创造生命的奇迹。

一代又一代的农校人,穿越时间的洪流,坚守着农校"实事求是,讲老实话,做老实事"的"三实"原则。他们用行动和生命,将美德深植于这片土地的基因之中,同时也将这些美德镌刻进了农校的精神与未来。这种精神的传承,不仅是对过去的尊重,更是对未来的期许,激励着每一名农校人继续前行。

老农校的华丽转身

1998年,农校与嘉兴丝绸工业学校(以下简称"丝校")携手联合办学,两校的结合为教育事业注入新的活力。1999年12月,嘉兴职业技术学院的筹建获得正式批准。2000年,学校迎来建校50周年庆典,忽而雨水滂沱,

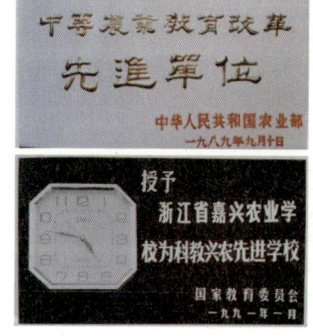

农校所获荣誉
来源:平培元提供

嘉兴老农校嘉兴市历史建筑挂牌
来源:郑宏斌摄影

仿佛在诉说对老农校的深情与不舍。

2002年1月，嘉兴职业技术学院正式成立，成为嘉兴市一所公办高职院校。新学院诞生后，老农校校舍转交嘉兴广播电视大学使用。2016年，嘉兴广播电视大学与嘉兴职业技术学院合署办学，老农校的校园和精神成为嘉兴市职业技术学院宝贵的财富。

值得一提的是，平培元自毕业后便投身于农校工作，亲历并参与了农校与丝校联合办学、筹建嘉兴职业技术学院等重要事件的决策过程。后来，他被调至嘉兴广播电视大学担任校长。随着嘉兴广播电视大学的迁入，平培元在离开农校一年多后，又回到了这片他曾深深耕耘的土地，直到退休。可以说，平培元用三十多年的时间，默默守护并见证了这片土地的变迁与发展。

挂有三块校牌的校门
来源：平培元提供

如今的校门
来源：郑宏斌摄影

嘉兴职业技术学院校徽
来源：嘉兴职业技术学院.校徽校训[EB/OL].
[2023-05-09]. https://www.jxvtc.edu.cn/index.htm.

嘉兴职业技术学院的校徽深刻体现了老农校的深厚底蕴。以书法风格绘制的黄色图形，既象征着农校，代表着丰饶的土地与金黄的稻穗，也映射出学校悠久的历史；形似字母"J"的浅蓝色图形，则代表丝校，象征着丝绸的柔美，同时指代了嘉兴这座城市。蓝黄两色共同构成的图案，既代表着字母"N"，即农校的"JN"（嘉农），也隐含字母"S"，即丝校的"JS"（嘉丝），更融合了字母"Z"，即嘉兴职业技术学院的"JZ"（嘉职）。这巧妙的设计不仅传承了"JN"和"JS"两所学校的丰富历史，还承载着对未来的坚定承诺与展望。

6号楼和8号楼的红漆木窗虽已显露出岁月的痕迹，但那褪色的红五星依旧醒目，这两座建筑不仅承载着农校人的集体记忆，更守护着农校的文化精神。嘉兴，这座自古以来享有"鱼米之乡"美誉的城市，恰如诗句"稻花香里说丰年"所描绘的那般，呈现出一片丰收的美好景象，而农校，肩负着培育农业人才的庄严使命。展望未来，期待嘉兴职业技术学院继续怀抱"三农"情怀，以教育的力量为中国农业的强盛和农村的发展贡献更多智慧和力量。

嘉兴老邮电大楼
——人民邮电为人民

黄琴琴　杨文睿

嘉兴老邮电大楼
来源：沈海涛摄影

建筑名称　嘉兴老邮电大楼
地　　址　嘉兴市南湖区建设街道勤俭路711号
建设时间　1954年3月
设 计 师　不详
面　　积　1115.18平方米
发展演变　1954年3月，原芝桥街邮电综合楼开工兴建；
　　　　　1954年10月，正式投入使用；
　　　　　1969年，邮政和电信分设；
　　　　　1973年，邮政、电信再度合并；
　　　　　1998年，邮电分营，分设邮政局和电信局；
　　　　　2008年，成立中国邮政储蓄银行嘉兴市勤俭路支行；
　　　　　2010年，嘉兴老邮电大楼被公布为嘉兴市区第一批历史建筑。

嘉兴，这颗镶嵌在浙北大地的璀璨明珠，依偎于杭嘉湖平原，枕着京杭大运河，扼守南北交通要道，自古便是"传输邮递"的重要枢纽。早在2200多年前的秦王朝，嘉兴便已设立邮驿"携李亭"。唐朝增设驿道、驿馆，加强邮件管理。宋元时期，急递铺舍遍布，军政文书频繁往来。至明清，随着资本主义萌芽和商品经济的发展，清末邮政电信事业兴起，嘉兴始终走在时代前列。

嘉兴邮电局旧照
来源：2022年7月黄琴琴翻摄于嘉兴电信局展厅

嘉兴邮电的艰难探索

追溯嘉兴邮政电信业的悠久历史，其根脉可追溯至清末。清光绪十年（1884），一道电波的清响划破江南水乡的宁静，西方文明的触角开始深入嘉兴这片富饶的土地。位于城内张家弄的嘉兴电报局的成立，宣告了近代通信在嘉兴的诞生。1896年，邮政业务在嘉兴起步，至1901年邮政局正式成立。自那时起，嘉兴邮电人便踏上了充满挑战的探索之旅。

随着1912年清王朝的终结，1931年抗日战争的爆发，1946年解放战争的打响，嘉兴邮电业在连绵的战火和动荡中艰难前行，直至解放前夕，发展几乎停滞。中华人民共和国成立后，嘉兴邮电业迎来根本性转变。最初，邮电部门的主要职责是服务于党政军的通信需要，后来，保障广大人民群众的通信服务也成为服务方针的重要一环。

依稀可见的老建筑留痕

1951年9月1日,国家实行邮政与电信合并,"嘉兴邮电"正式更名为邮电部嘉兴邮电局。1954年3月15日,位于芝桥街的邮电综合楼破土动工,占地面积1115.18平方米,并于同年10月完工投入使用。这座砖混结构的建筑,坐北朝南,采用"凹"字形布局,东西两侧对称,立面分为檐部、墙身、勒脚三段。内部的木楼板、楼梯木扶手等木构件至今仍有留存。

这栋二层小洋楼,一楼曾是繁忙的营业厅。如今,外立面已历经变迁,原貌和风格均有所改变。这里曾是嘉兴市邮件的集散中心,承载着市民对信件、报刊、包裹的热切期待,它们从这里启程,被送往千家万户。1969年,邮政与电信业务分设;1973年,二者又重新合并。1978年,随着党的十一届三中全会的召开,改革开放的春风为嘉兴邮电业注入了新的活力。1983年,随着嘉兴撤地建市,原嘉兴县邮电局升格为嘉兴市邮电局。到了1998年,邮电业务再次分营,分别成立了邮政局和电信局,标志着邮电业的进一步专业化和现代化。

嘉兴老邮电大楼二楼内部
来源:沈海涛摄影

嘉兴老邮电大楼外部
来源:沈海涛摄影

20世纪七八十年代，随着思想的解放，全国出版物数量激增，人们订阅的热情也随之高涨。据文史爱好者潘成旗老先生回忆，1982年上半年三四月，《大众电影》杂志一经发行便吸引了广泛关注。4月，正值下半年杂志预订期，大量订阅需求使邮电所前的队伍络绎不绝。潘老先生当时居住在塘汇，清晨五点半便起床，匆匆吃过早饭，骑自行车六点半就抵达了嘉兴邮电局。令他惊讶的是，此时已有五六百人在排队等候。由于邮电所七点半才开门，队伍一直延伸到如今的秀州路。当时邮电局条件有限，没有保安维持秩序，人们为了抢购心仪的杂志，场面一度混乱。尽管潘先生起了个大早，但最终未能抢到最想订的杂志，只订到了《文艺报》和《芒种》两份刊物。据他回忆，老大楼长15～20米，设有两扇敞开的大门。进门后，西侧以电话和电报业务为主，东侧是一排低矮的橱窗，内部用于报纸订阅，外部用于杂志订阅。对面设有四个电话室隔间，打长途电话需先缴费挂号，按通话时间计费，一次通话可能花费七八元。

使命必达的邮电精神

嘉兴的老邮电人沈永福先生，自1983年起从事邮递员工作，负责四个村的投递业务。据他回忆，那时农村道路状况极差，没有现在的柏油路，邮递员的日常投递全靠步行，直到后来才逐渐有了石子路、水泥路。在那个电话是"稀缺品"的时代，书信是人们情感交流的主要方式，报纸则是了解外界的重要渠道。一个个盛满信件的绿色邮筒，是人们收获期许的唯一窗口，熟悉的邮递员也成了人们日思夜盼的人，所以当时的邮递员都很有使命感。

1991年的一个冬日，那年的雪下得很大，沈先生骑着自行车出发时，道路泥泞不堪。当他投递至石佛村时，一条结了冰的深沟让他连人带车翻入其中……幸运的是，他被当地村民救助，换上了干净衣物，尽管如此，他还是毅然决然地继续踏上了投递之路，确保每一份电报、信函、包裹、汇款单和报刊都能及时送达村民手中。还有一次，在严寒的冬日里，沈先生不幸被一辆卖鸡的三轮车撞倒，在卫生院简单处理伤口后，他便背着邮包继续前行，只为坚守那份按时送达的承诺。至今，他的嘴角还留有那次事故的疤痕，见证了他作为邮递员的艰辛与执着。

沈先生回忆道，每年高考结束后都是他最忙碌的时刻。"十年寒窗苦读日，只盼金榜题名时"，高考录取通知书承载着无数学子的梦想，而通知书投递

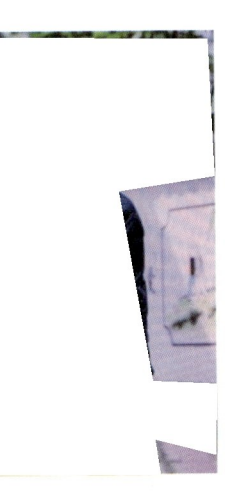

沈永福先生
来源：沈永福提供

的重任每年都由邮政系统完成。对那些只有村名而无具体地址的"瞎信"，他不得不挨家挨户询问，或利用下班时间继续走访，每天的工作时间远超12小时。过去没有人替班，他每天都要上班，而现在每周有一天可以休息。作为一名资深的邮电人，沈先生将自己锻造成了一枚爱岗敬业、朴实无华的螺丝钉。他每天简单而重复地完成自己的工作，像"闹钟"一样准时出现在村里，从"小沈"变成了"老沈"。在他三十多年如一日的投递生涯中，其负责范围内有近300个报刊投递点，却从未发生过误投、漏投的情况，也从未收到任何投诉。凭借这份卓越的表现，沈先生连续12年获评嘉兴市优秀投递员。他还先后荣获浙江省优秀乡邮员、先进生产工作者等荣誉。2017年，他荣获嘉兴市"五一劳动奖章"；2018年，获评"嘉兴市劳动模范"；2019年，被评为"浙江省劳动模范"。这些荣誉不单是对他工作的认可，更是他多年来无私奉献和辛勤付出的最佳证明。

"早晨5点钟，天还未亮我就起床，7点准时到达邮件分拣房，接收、排信、挑对等，8点出班。11点回到网点，整理好东西回家吃饭，饭后又去网点。邮件多时，全部投送完毕要到晚上八九点。"59岁的沈永福先生回忆起多年前的工作情景，依旧历历在目。这位资深劳模在谈及自己的职业生涯时，语气亲切，仿佛与家人闲聊，让人感受到他当年穿梭在大街小巷、乡村小路时的热忱与执着。尽管退休的日子近在眼前，沈先生依然保持着旺盛的工作热情和惜时如金的态度。他与年轻同事一样，早出晚归，尽职尽责地在平凡的岗位上传递信息，为群众搭建起沟通的桥梁。他用实际行动践行着"人民邮电为人民"的初心和使命，展现了一名老邮电人的责任与担当[1]。

往昔岁月中，那一抹邮电绿，象征着和平、青春、生机与繁荣，成为许多人心中最期盼的色彩。一份报纸、一本杂志、一封家书、一通电话，都承载着离愁别绪、深厚情感、绵绵相思。然而，随着科技的进步和通信方式的变革，那些曾遍布街头巷尾的绿色邮筒、随处可见的邮政电话亭，以及那些骑着军绿色自行车在人群中穿梭的邮递员，已渐渐淡出人们的视线，难得留存下来的物件也在岁月的洗礼中显得斑驳、沧桑和孤独。尽管如此，半个多世纪以来，嘉兴的老邮电大楼并未被时代洪流所淹没。经过精心修整和改造，它已焕然一新，成为中国邮政储蓄银行嘉兴市勤俭路支行。如今，它不仅继续承担着邮政基础业务，还拓展了邮政增值业务和邮政附属服务等多项职能，以全新的面貌和定位，继续为嘉兴人民提供优质服务，续写着邮电事业的辉煌篇章。

---

1 采访时间为2022年9月。

嘉兴电力博物馆
——嘉兴百年光明史的见证者

周艳梅 唐斐斐

嘉兴电力博物馆
来源：沈海涛摄影

建筑名称 嘉兴电力博物馆
地　　址 嘉兴市南湖区建设街道环城西路 671 号
建设时间 20 世纪五六十年代
设 计 师 不详
面　　积 约 2000 平方米
发展演变 20 世纪五六十年代，建供电局供电所，后改为嘉兴电力局城郊供电分局；
　　　　 2006 年 10 月，嘉兴电力博物馆一期工程建设启动；
　　　　 2008 年 1 月 8 日，博物馆一期正式开馆；
　　　　 2010 年 1 月 20 日，二期工程建设启动；
　　　　 2010 年 6 月，博物馆二期如期完工；
　　　　 2022 年 2 月，嘉兴电力博物馆（原嘉兴电力局城郊供电分局）被公布为嘉兴市区第五批历史建筑；
　　　　 2022 年 5 月，获评第八批浙江省科普教育基地；
　　　　 2022 年 6 月，入选浙江省博物馆（纪念馆）名录（2021 年）。

1912年7月1日，这是一个值得载入史册的日子。傍晚6时左右，嘉兴永明电灯公司在经过连日的艰苦调试后，终于迎来了电力的成功输送，古老的水乡首次被电灯的光辉照亮。这一历史性时刻，标志着嘉兴告别了无电的年代。在接下来的三十多年里，嘉兴电力工业在动荡的时局中经历了曲折的发展历程。直至中华人民共和国成立，电力事业才迎来了转机，嘉兴电力工业步入了崭新的发展阶段。1962年7月3日，嘉兴供电局成立，为嘉兴电网的规模化、网络化、现代化发展奠定了基础。六十多年来，嘉兴电力工业在克服重重困难的同时，也抓住了发展机遇，供电量实现了迅猛增长。如今，嘉兴电力工业已成为支撑地区经济社会发展的重要力量，为城市的繁荣与进步提供了源源不断的动力。

走进嘉兴百福弄社区环城西路671号，映入眼帘的是两座青灰色的三层老建筑，这里便是嘉兴电力博物馆的所在地。博物馆的外观设计庄重典雅，由原水利电力部部长、嘉兴籍电力界杰出人士钱正英亲笔题写的"嘉兴电力博物馆"七个大字，在阳光下熠熠生辉。值得一提的是，嘉兴电力博物馆是由嘉兴供电公司创办的企业博物馆。它不仅是国内首家获得批准的电力行业博物馆，还是浙江省目前唯一的电力博物馆。走进这里，参观者可以近距离感受到嘉兴电力工业百年历史的厚重沉淀，领略嘉兴电力工业的发展历程和辉煌成就。

博物馆正门
来源：沈海涛摄影

嘉兴电力博物馆大门
来源：沈海涛摄影

嘉兴电力博物馆的筹建之路

为了传承和弘扬嘉兴电力百年历史文化，塑造嘉兴电力企业的品牌形象，嘉兴电力博物馆的筹建得到了嘉兴市领导的高度重视和支持，建设工作稳步向前推进。2004年11月13日，时任嘉兴市市长陈德荣签署了"建议嘉兴电力局建设电力博物馆"的983号市长批示[1]。经过深入调查研究，嘉兴电力局决定启动嘉兴电力博物馆的筹建工作。

2006年10月25日，嘉兴市文化广电新闻出版局正式批复，同意建立嘉兴电力博物馆。自此，博物馆的建设正式纳入《嘉兴电力局"十一五"规划纲要》。为了确保筹建工作的顺利进行，成立了电力博物馆筹建办公室，并下设综合、实物、文史三个专业小组，配备6名专职人员，全面负责博物馆的筹建工作。这一举措不仅体现了嘉兴市人民政府对电力文化传承的重视，也展示了嘉兴电力局对企业文化建设的长远规划和投入，为嘉兴电力博物馆的建设和发展奠定了坚实基础。

为了深入挖掘和收集珍贵的电力史料，筹备组的工作人员不遗余力，通过报纸、网络等多种媒体渠道发布征集启事，广泛搜集电力实物和文献资料。在此过程中，博物馆受到了社会各界的广泛关注和支持，许多热心人士纷纷慷慨捐赠，全国100多个省市的电力企业也向嘉兴电力博物馆赠送了各自地区的《电力工业志》。

这些捐赠和赠送的文献资料，不仅丰富了博物馆的藏品，还成为研究中国电力工业发展不可或缺的重要历史文献。它们为博物馆的正式开馆奠定了坚实基础，确保了博物馆在展示电力历史、传承电力文化方面的权威性和丰富性。通过这些努力，嘉兴电力博物馆得以汇聚各地电力工业的精华，为公众呈现一个全面、立体、生动的电力历史画卷，使人们更好地了解和感受电力工业的发展历程和辉煌成就。

历史印记与现代发展

嘉兴电力博物馆坐落于勤俭西桥东堍，重建于原嘉兴供电公司旧址。这里不仅是一片历史底蕴深厚的土地，更是古迹遍布的"风水宝地"。据记载，

---

1 杨晓，戴振国. 嘉兴电力博物馆的建设与思考 [J]. 中国电力教育，2012（12）：118.

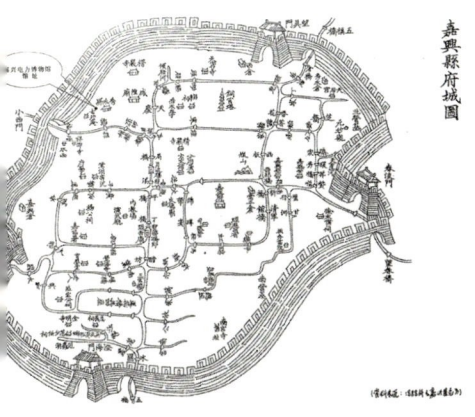

嘉兴县府城图
来源：嘉兴电力局档案室，嘉兴电力博物馆. 永明——嘉兴百年电力（1908—2008）[M]. [出版地不详]：[出版者不详]，2008：60.

馆址所在地旧时属于小西门横街内的"凤池坊"，明清时期，东临爽溪秀水县治，西靠古运河，南接柳岸通津，北靠嘉禾亭。唐宋时期名胜古迹众多，历史悠久，文化积淀深厚。其中，水西寺、月波楼、金鱼池等名胜古迹相互辉映，尤为著名。

据明嘉靖年间（1522—1566）的《嘉兴府图记》记载："秀水县治北（西）多隙地，为圃、为池、为亭，宋有嘉禾亭、月波楼、下瞰金鱼池。"金鱼最初被称为"火鱼"，五代时期在嘉兴发现了野生金鱼。北宋时期，官府在月波楼下设立金鱼池，饲养观赏，比苏轼诗中提到的杭州南屏金鲫鱼还要早一百多年[2]。

如今的嘉兴电力博物馆，散发着浓厚的文化气息。它不仅与嘉兴船文化博物馆隔河相望，东北方向约1千米便是著名的月河历史街区，东南方向1.5千米处是历史悠久的子城遗址。这些丰富的文化资源，为嘉兴电力博物馆增添了独特的历史韵味和文化内涵，使其成为传承电力文化、展示嘉兴历史的重要窗口。

小西门嘉兴城郊电力局供电分局旧址
来源：嘉兴电力局档案室，嘉兴电力博物馆. 永明——嘉兴百年电力（1908—2008）[M]. [出版地不详]：[出版者不详]，2008：60.

2　嘉兴电力局档案室，嘉兴电力博物馆. 永明——嘉兴百年电力（1908—2008）[M]. [出版地不详]：[出版者不详]，2008：59.

嘉兴电力博物馆的布局精巧，分为上下两个展厅。一层和二层构成了第一展厅，而三层则是第二展厅的展示空间。据博物馆的工作人员吴敏女士介绍，"这座博物馆的主体建筑面积超过 1600 平方米，其一期工程在 2008 年 1 月 8 日盛大开幕"。展厅精心设计，包括序厅、中国与电力、嘉兴与电力、电力与科技四个主题区域。特别是嘉兴与电力展厅，详细记录了自嘉兴永明电灯公司成立以来嘉兴电力工业的发展历程。

开馆之初，博物馆已经收集了 1000 多件各类文史资料、电力设备和实物，这些珍贵的"电力文物"见证了电力历史的演变。此外，还特别征集到了 100 多件 1949 年前的电力重要实物和史料，为研究早期电力发展提供了宝贵资料[3]。

2010 年 1 月 20 日，嘉兴电力局启动了博物馆的二期扩建工程。二期工程建筑面积约 300 平方米，展示面积达 200 平方米。到二期工程完工时，博物馆又新增了 184 件实物和文史资料。展厅内设置了 50 块展板和 15 个展柜，全面展示了自 1962 年嘉兴电力局成立以来的丰富历史。2010 年 6 月，嘉兴电力博物馆二期如期完工，为公众提供了更加丰富的电力历史展示，进一步强化了博物馆作为传承电力文化、教育公众的平台功能。

穿越时光的电力珍品

嘉兴电力博物馆馆藏文史资料、实物 1000 多件，其中包括具有重要电力历史价值的文物，如厂徽、证件、服饰、照片、印章等。馆内不仅展出了收音机、电扇、老式电视机、电闸等 20 世纪 80 年代几乎家家户户都用得到的电器，如春燕牌 300W 调温电熨斗、金浪牌电吹风、海鸥牌电扇以及益友牌冰箱，还展出了一系列鲜为人知的"电力文物"，如我国著名水利专家汪胡桢编写的大学讲义《水力发电》等。这些珍贵藏品展示了浙江乃至全国的电力发展概况以及嘉兴的电力史，成为吸引参观者的最大亮点。

在嘉兴电力博物馆众多珍贵的馆藏中，有一件特别引人注目的展品——《嘉兴城市全图》。这幅地图由嘉兴永明电灯公司在 1917 年发行，是嘉兴历史上第一张配备图例、比例尺和指南针坐标系的城市地图。它被精心装裱在封套中，上面印有"嘉兴永明电灯公司发行"的字样，目前仅存的这一张

---

3 刘红. 拾起历史的片断：走进嘉兴电力博物馆 [J]. 国家电网, 2008（4）：95.

地图,其价值不言而喻。那么,一家电灯公司为何会发行城市地图呢?这背后有多方面原因。首先,在民国初期,民用电气事业由交通部电政司管理,电灯公司作为当时电力事业的代表之一,具有一定的社会影响力。其次,随着沪杭铁路的建成通车,到嘉兴旅游或办事的人越来越多,提供一张详尽的城市地图无疑为他们提供了极大便利。同时,这也是嘉兴永明电灯公司的一次有效广告宣传,通过地图的广泛传播,提升了企业的知名度和社会影响力,实现了"一举多得"的效果[4]。

馆内还珍藏着一幅具有特殊意义的题词——"前途光明,与可先生"。这幅字迹,是周恩来同志赠予青年工人陆与可的珍贵墨宝。尽管岁月流转,纸页已泛黄,但那简洁有力的几个字,依旧传递着满满的正能量。1939年3月28日,时任中共中央革命军事委员会副主席、中央南方局书记周恩来不远千里来到绍兴,视察抗战工作,巩固抗日统一战线。3月30日,在姑父王子余家中,周恩来与绍兴大明电气公司的5名青年工人座谈,向他们阐述了当时的抗战形势,表达了中国共产党联合各方力量、抗战到底的坚定决心。在这次座谈中,周恩来同志亲自为这5名电力工人题写了带有"光明"二字的条幅。这里的"光明",既体现了周恩来同志对抗战胜利的坚定信念,也寄托了他对这些年轻人光明未来的殷切期望[5]。

这幅题词不仅是嘉兴电力博物馆的珍贵馆藏,更是中国近现代史上一段珍贵记忆的见证。它见证了周恩来同志对抗战胜利的坚定信心,对青年一代的深切关怀,以及对国家和民族光明未来的无限憧憬。每当人们驻足于这幅题词前,都能感受到那份跨越时空的力量和温暖,激励着人们不断前行。

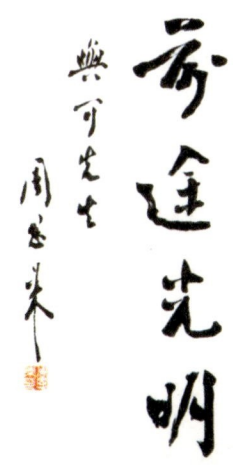

"前途光明,与可先生"题字
来源:刘红.拾起历史的片断:走进嘉兴电力博物馆[J].国家电网,2008(4):94.

---

4 刘红.拾起历史的片断:走进嘉兴电力博物馆[J].国家电网,2008(4):95.
5 邹志峰.传承光明的历史:嘉兴电力博物馆筹建侧记[J].国家电网,2007(5):88.

陆与可本人后来也在1981年4月的《中国财贸报》上发表了《一个难忘的夜晚：回忆和周恩来同志的一次会见》一文，自述了四十多年前的激动场景。他写道："更出人意料的是，周总理事后还托王贶甫转送来由他亲笔题词、落款、盖章的宣纸条幅五帧，激励我们继续革命、永远革命。惋惜的是，这些珍贵的题词，经过战乱，大多没有能保存好，只有我的一幅'前途光明'的题词，想了很多办法，经历很多风险，才保存下来。"嘉兴电力博物馆开馆前，陆老的女儿——嘉兴电力局退休职工陆君善将这幅珍贵的藏品无偿捐赠给了博物馆。

永恒的"嘉兴电力"精神

嘉兴电力博物馆，作为110余年嘉兴电力发展史的见证者，馆内收藏的一张张"老照片"，浓缩了嘉兴电力百余年的变迁与辉煌。2022年5月，嘉兴电力博物馆获评为第八批浙江省科普教育基地，这标志着它成为嘉兴市传播电力科学知识、弘扬电力文化的爱国主义教育基地，同时也是一个集博物、展览于一体的现代行业科普博物馆。同年6月，博物馆又入选了浙江省博物馆（纪念馆）名录（2021年）。

工作人员介绍，自开馆以来，嘉兴电力博物馆已吸引了六七万名参观者。孩子们也积极参与到电力课堂的学习中，通过实地参观，他们不仅了解了电力知识，更深刻地记住了用电安全常识。嘉兴电力博物馆已成为传播电力科学知识、宣传嘉兴电力文化的有效平台。

以史为鉴，可以知兴替，嘉兴电力博物馆展出的文字、图片资料与实物，共同构筑了一部嘉兴电力工业文明的浓缩史。这里不仅记录了嘉电几代人的拼搏精神，更传承了他们一脉相承、无怨无悔的奉献情怀，为世人留下了永恒的"嘉兴电力"精神。作为展示地方电力文明史的重要平台，嘉兴电力博物馆将继续发挥其独特的作用，为传承电力文化、启迪未来贡献力量。

嘉兴旅馆
——昔日勤俭路上的行业"领跑者"

杨文睿 黄琴琴

嘉兴旅馆原址南侧
来源:沈海涛摄影

建筑名称 嘉兴旅馆
地　　址 嘉兴市南湖区建设街道勤俭路 599 号
建设时间 20 世纪 60 年代
设 计 师 不详
面　　积 约 1500 平方米
发展演变 建于 20 世纪 60 年代;
　　　　 20 世纪 70 年代,为扩大经营,于原址对面建造分部;
　　　　 20 世纪 80 年代,为改善经营状况开设餐厅;
　　　　 1998 年,改制,归入五芳斋集团;
　　　　 2002 年,所有员工内退,嘉兴旅馆结束营业;
　　　　 2010 年,嘉兴旅馆被公布为嘉兴市区第一批历史建筑。

提起嘉兴旅馆，许多嘉兴人都能唤起一段熟悉的记忆，特别是那些居住在勤俭路、建国路附近的老嘉兴人，对它更是有着深厚的感情。嘉兴旅馆曾是这座城市最豪华、最负盛名的旅居之所。在它近四十年的辉煌岁月中，接待了无数来自五湖四海的旅客，作为行业的领头羊，赢得了无数荣誉和赞誉。

　　然而，随着时间的流逝和时代的变迁，嘉兴旅馆已悄然谢幕。尽管如此，它昔日的辉煌并未被遗忘。2010年，嘉兴旅馆的旧址被正式列为嘉兴市历史建筑，这既是对其过往辉煌的一种纪念，也是对这座城市历史的一种传承。

嘉 兴 曾 经 最 豪 华 的 旅 馆

　　嘉兴旅馆的起源可追溯到20世纪60年代初，1964—1970年，嘉兴县商业局系统精心策划并筹资，兴建嘉兴、东风两个旅馆[1]。嘉兴旅馆隶属于嘉兴饮服公司，为三层砖混结构建筑，建筑面积约1500平方米。在旅馆行业并不发达的20世纪60年代，嘉兴旅馆算得上是嘉兴规模最大、最豪华的旅馆，享有很高的声誉。据嘉兴旅馆老员工回忆，旅馆的装修在当时可以说是富丽堂皇，一进门便可见一根气派的花岗岩大理石柱，南北、东西两条长廊从大厅延伸而出，两侧共设有60个房间，总计约180个床位。旅馆还配备盥洗间、卫生间、锅炉间、洗涤室、办公室等。房间内部装饰融合了传统与现代的元素，为宾客带来了既舒适又温馨的住宿感受。

嘉兴旅馆嘉兴市历史建筑挂牌
来源：沈海涛摄影

嘉兴旅馆原址（结构外观已与原嘉兴旅馆不同）
来源：沈海涛摄影

1　《嘉兴市志》编纂委员会．嘉兴市志[M]．北京：中国书籍出版社，1997：1932．

与当时专门接待政府工作人员的招待所不同，嘉兴旅馆主要面向来自全国各地的旅客。在嘉兴宾馆开业之前，每年嘉兴市的三级干部会议都在此举行，这无疑增加了它的知名度和影响力。随着时间推移，尽管嘉兴宾馆逐渐成为旅馆业的新星，但嘉兴旅馆依然保持着其独特的地位，传承着优质服务的传统。

在20世纪60年代的社会和经济背景下，嘉兴旅馆不仅是旅游住宿的首选之地，更是嘉兴城市经济和社会发展的一个重要标志，它的辉煌历史和卓越贡献，至今仍为人们津津乐道。

嘉兴旅馆位于勤俭路与环城东路交会的黄金十字路口，坐北朝南，正对勤俭路，东侧紧邻环城东路和环城河，占据绝佳的地理位置。勤俭路曾是市中心最繁华的主干道之一，街道两旁商铺云集，贸易中心、百货商店、电影院、新华书店、邮电大楼、银行、照相馆等一应俱全，且与火车站、人民公园、医院等重要地点的距离都很近。

当时，勤俭路的延伸路段尚未完全建成，使旅馆对面的客运码头成为最大的客运集散地。在那个以水路为主要出行方式的年代，嘉兴旅馆所处的位置无疑是交通枢纽中的黄金地段，吸引了络绎不绝的旅客。旅馆北面是历史悠久、名人辈出的秀州中学，这不仅为嘉兴旅馆增添了一份深厚的文化底蕴，也赋予了它一种独特的历史厚重感。

嘉兴旅馆，作为一处标志性建筑，不仅接待了众多外地游客，也成为本地市民慕名参观的胜地。据嘉兴市民王先生回忆，他读小学五年级时，嘉兴旅馆刚刚建成，学校就组织了一次参观活动，并要求学生们撰写一篇《走进嘉兴旅馆》的感想作文。这一细节既反映了嘉兴旅馆在当时社会中的重要地位，又体现了它在嘉兴市民心中的特殊意义。

曾经的嘉兴轮船码头
来源：嘉兴旅馆前职工提供

20世纪70年代，嘉兴作为革命圣地吸引了络绎不绝的游客，随之而来的是对住宿的巨大需求。然而，当时旅馆行业基础设施建设尚未跟上，住宿供应短缺问题尤为突出。据历史资料记载，除了县革命委员会下属的几个招待所之外，嘉兴仅有六家旅馆，总共能提供923个床位。但每天抵达的旅客人数高达1300～1400人，远远超出了旅馆的接待能力。

面对这一供需矛盾，旅馆行业竭尽全力，采取了多种措施，例如，在通道中增设临时床位、将浴室暂时转变为接待区、开展棉被出租服务等，但这些应急之举并未从根本上解决问题。特别是在举办重要会议时，国营旅馆需要优先满足会议住宿安排的要求，使普通旅客的住宿变得更加困难。一些找不到住宿的旅客不得不在车站度过漫漫长夜，或被迫前往邻近县城寻求住宿。许多旅客反映，住宿未落实，饭都不想吃，不要说工作了……为了应对这一挑战，嘉兴旅馆采取了积极措施，在原址对面新建了一座分部。这座分部是一栋四层楼高的钢筋混凝土结构建筑，一楼设有业务室，二至四楼是客房区域，每层设有9个房间，总共新增了75个床位。这一扩建工程在一定程度上缓解了当时住宿紧张的情况。

勇于创新，力挽狂澜

20世纪80年代，随着嘉兴旅馆业的蓬勃发展，新的竞争者如南湖饭店、嘉兴宾馆等相继崛起，嘉兴旅馆面临前所未有的挑战，逐渐步入发展低谷。面对这一形势，嘉兴旅馆的管理人员积极寻求创新之道，努力提升经营业绩。据嘉兴旅馆的老员工回忆，自那时起，旅馆开始增设餐厅服务。凭借美味的菜品、优良的卫生条件和周到的服务，餐厅迅速赢得了口碑，生意兴隆，成为旅馆的一大亮点。同时，为了更好地利用空间、增加收入，旅馆将一楼朝东和朝南的房间改造成店面对外出租，这一策略有效地拓宽了旅馆的盈利渠道。

在硬件设施方面，嘉兴旅馆也进行了全面升级。每个房间都配备了电视和空调，在当时大多数旅馆条件相对简陋的情况下，嘉兴旅馆借此在竞争中脱颖而出。此外，旅馆在经营策略上也展现出前瞻性和创新精神，推出了配备独立卫生间的单人房，并与五县两区工业公司的职工签订了长期包房合同。尽管单人房的价格相对较高，但其私密性和舒适度使其成为市场的热门选择，甚至比经济实惠的多人房更受欢迎。通过这些创新和改进，嘉兴旅馆在20世纪

80年代成功实现了业绩复苏，再次证明了其在行业中的竞争力和生命力。这些措施不仅提升了旅馆的服务水平，也为嘉兴旅馆赢得了新的发展机遇。

1983年，嘉兴撤地建市，嘉兴旅馆常常住满了来自湖州的干部，年轻的机关干部陆先生自1987年起在嘉兴旅馆住了近两年。当时良好的住宿体验令他至今记忆犹新。据他回忆，1983—1988年嘉兴旅馆分部的部分房间作为宿舍使用。与陆先生一样，那些湖州干部们每个人都享受着单人房间的待遇。旅馆内设有公用的澡堂、卫生间、洗衣间和开水房，为住客提供了便利的日常生活设施。每天清晨，服务员都会把装满开水的热水瓶准时放置在每间房门口，确保住客们能够享受到温暖的服务。房间内部还配备了电视机，加之良好的隔音效果和卫生条件，使嘉兴旅馆的住宿体验在当时显得格外优越。

20世纪80年代中叶，嘉兴旅馆门前新添了一座圆形的交警岗亭，这不仅是嘉兴早期的交警执勤点，也在许多老嘉兴人的心中成为了一个具有标志性意义的地点。这里每天迎来送往，拎着大包小包的旅客接连不断，是当时人流量最为密集的交通节点，生动地体现了现代城市生活的繁忙节奏。

20世纪初的嘉兴旅馆远景
来源：民间文史研究爱好者吴来根提供

现嘉兴旅馆远景
来源：沈海涛摄影

行业标杆，重新出发

嘉兴旅馆凭借其卓越的经营策略和显著的业绩，长期获评各类先进单位，荣获精神文明建设先进单位、环保先进、卫生先进等荣誉，其先进事迹举不胜举。例如，有一名沈阳的有障旅客住宿不便，经理亲自将其送往杭州；有一名天津的旅客突发疾病，服务员及时将其送往医院抢救等。这些举动彰显了嘉兴旅馆的人文关怀和社会责任感。

然而，在其他旅馆业的快速发展和市场竞争下，嘉兴旅馆逐渐失去了往日的竞争力。1998年，随着企业的改制，嘉兴旅馆转入五芳斋集团。到2002年，嘉兴旅馆的员工全部内退，原旅馆的业务也随之停止，其建筑房屋转为公司对外招租使用。

嘉兴旅馆的原址历经多次改造，如今已转变为一家连锁式酒店，昔日的印记已难以寻觅。但是，它那辉煌的历史和动人的故事为人们提供了一扇了解嘉兴历史发展的窗口，不仅记录了嘉兴经济和社会的变迁，还提醒人们要在城市发展和文化遗产保护之间寻求平衡。

尽管嘉兴旅馆已经不复存在，但它在嘉兴乃至整个区域旅馆业发展史上留下了浓墨重彩的一笔。嘉兴旅馆的故事，如同一段传奇，永远镌刻在嘉兴市民的记忆中。它不仅是一个地理上的地标，更是时代的见证，以及对未来的深刻思考和启示。

中基路 197 号
——延续历史记忆,传承铜瓷工艺

唐斐斐 周艳梅

中基路 197 号
来源:沈海涛摄影

建筑名称 中基路 197 号
地　　址 嘉兴市南湖区新嘉街道月河中基路 197 号
建设时间 清末民国初
设 计 师 不详
面　　积 约 40 平方米
发展演变 2008 年起,一楼成为一家售卖竹制艺品、文房雅玩的小店,名为"竹品轩";
2010 年,月河中基路 197 号被公布为嘉兴市区第一批历史建筑,作为非遗文化展示场所。

嘉兴月河历史街区，这片138 800平方米的土地，静卧于嘉兴市区的怀抱之中。这里，小河与小桥交织，小街与小巷曲折蜿蜒，清末民国初的古建筑群落相映成趣，共同绘就一幅江南水乡古城的风情画卷。街区依河而建，沿桥而市，河堤蜿蜒，廊棚逶迤，淋漓尽致地展现了江南水乡的独特韵味。中基路，这条从东至西延伸的老街，依旧保留着历史的灵气与精华。

如果说月河的水是灵动的美，那么月河古街则是沉稳、含蓄的美。这种美，蕴含于砖木结构的建筑中，青砖的坚固给人以安心，木质的纹理以其线条与光泽，诉说着岁月的故事。特别引人注目的是中基路197号的那幢砖木结构建筑，门前几株翠竹，更添一抹雅致，让人不由自主地放慢脚步，渴望一探其内里的乾坤。

中基路197号——竹品轩

旧时，月河历史街区以平行的"三河三街"为基本格局。京杭大运河、外月河、秀水兜三河基本平行并在北丽桥附近相汇；中基路、坛弄、秀水兜街三街紧邻运河和府城，为繁华的商贸地带。其中，中基路全长350米，宽4米，明清以来东段称"中街"，西段称"殿基湾"，民国时合称为"中基路"。当时，中基路属于嘉兴繁荣的商业区，曾有商铺、作坊数百家，民房稠密，知名度较高的当铺、茶馆、洋货店、商校、农具制造店随处可见。

位于中基路197号的是一幢一进深两开间二层楼的砖木结构建筑，坐北朝南，是嘉兴市区第一批历史建筑[1]。建筑外观为白墙黑瓦，属于中基路建筑的典型风格。自2008年起，一楼被改造为一家名为"竹品轩"的小店，售卖竹制艺品和文房雅玩。店主詹建峰，被朋友亲切地称为"老竹"，店名就源于他。店铺面积约40平方米，在保留原有建筑石墙、木门和木窗的基础上，"老竹"在店外布置了木板椅、小茶几和两个竹质蒲垫，墙壁上还印有"半竹"二字。据"老竹"介绍，这些布置主要是为了让来月河的游客放慢脚步，体验"慢生活"。如今，这里已经成为月河历史街区的"打卡地"，吸引着许多游客在此休息、拍照留念。

---

[1] 嘉兴城乡建设．中基路197号：历史建筑邂逅铜瓷非遗文化[EB/OL]．（2020-12-18）．https://mp.weixin.qq.com/s/Iuyz6IobqlAsl8Cbctrj5A．

竹品轩外观
来源：沈海涛摄影

木板椅
来源：沈海涛摄影

传承锔瓷工艺

走进小店，一股古韵古风扑面而来，是由锔瓷技艺带来的。锔瓷，一门传统手工技艺，也是手艺人用心守护、传承和发扬的非物质文化遗产。老竹是土生土长的嘉兴人，经常游走于古玩市集，见识了诸多古旧瓷器，渐渐对锔瓷这门手艺产生了浓厚兴趣。他花了三年半的时间赴苏州拜师学艺，学成归来后在经营小店之余兼任锔瓷匠人。"85后"的他虽年纪不大，却有着一手焗瓷的好技艺。他醉心于修补老物件、老瓷器，为残损的老瓷器修补上一朵"祥云"，或"拉链""戒指"。他灵巧的双手能够让一件件碎裂的瓷器"起死回生"。更为神奇的是，经过他锔钉细心修补后的瓷器，更具一种破碎中重生的残缺之美和创意之美，成为一件件独具韵味的艺术作品。

竹品轩内景
来源：唐斐斐拍摄于 2022 年 11 月 8 日

修复后的瓷器
来源：唐斐斐拍摄于 2022 年 11 月 8 日

锔瓷用的工具
来源：唐斐斐拍摄于 2022 年 11 月 8 日

锔瓷用的银丝
来源：唐斐斐拍摄于 2022 年 11 月 8 日

中国有句古话"没有金刚钻，别揽瓷器活"，说的便是这门古老的民间手艺——锔瓷。锔瓷主要以金属材料修补瓷器，将打碎的瓷器用像订书钉一样的金属"锔子"修复起来，是一门有着上千年历史的传统手艺。在北宋名画《清明上河图》中，就有锔瓷匠人的身影。

老竹向团队介绍，锔瓷分为三步。首先是捧瓷，找碴对缝，将瓷片沿碎裂的缝隙对上，再用麻绳紧紧捆好。根据瓷器裂纹及图案画点定位，确定锔钉的位置和长短。其次是打孔，一边拿钻头钻孔，一边滴水降温。这里的钻孔不能钻穿，而是钻到瓷器壁的 2/3，如果打穿，瓷器就会漏水。最后是上钉，锔钉一般使用质软耐磨的黄铜钉。两端磨出角针，紧紧勾在刚刚打的钻孔之中，让两片瓷器严丝合缝地对在一起。打磨抛光后，锔钉流光溢彩，瓷器更显精致，也多了一种别样韵味。

在竹品轩的右侧墙面上，陈列着一面柜子，上面摆满了老竹亲手锔修过的杯子。聊到这些杯子，他便打开话匣子，侃侃而谈。这些杯子大多属于明清时期，有些是客户慕名而来找老竹修复的，有些是他自己特意从古玩市场淘回来的。修复每个杯子所需的时间也各不相同，这取决于杯子的破损程度——若是杯子仅有裂缝，老竹仅需一小时即可娴熟地完成锔补，每个杯子用四个钉子足矣；若是杯子破损严重，则需几天甚至更长时间。老竹还会在锔过的杯子上贴上标签，注明修复时所用的材料。

茶社老板找"老竹"修复的茶杯
来源：唐斐斐拍摄于 2022 年 11 月 8 日

锔银钉修复的民国矾红杯
来源：唐斐斐拍摄于 2022 年 11 月 8 日

金缮技术修复的碟子
来源：唐斐斐拍摄于 2022 年 11 月 8 日

老竹收藏的破损瓷器
来源：唐斐斐拍摄于 2022 年 11 月 8 日

从老竹的言谈中，可以感受到他对锔瓷技艺的热爱。即使锔瓷不能给自己带来显著的经济效益，他仍旧会把顾客送修的每一件器物都视作"唯一"进行修复。收藏柜里也摆满了他从各处淘来的破损瓷器。例如，印有"喜"的碟子，上面的石榴、佛手和寿桃图案生动逼真，寓意多子、多福、多寿。碗口处缺损，老竹便采用金缮技术对它进行了修复，赋予其新的意义和价值。锔瓷工作所传承的爱物惜物的传统美德、一件件器物经过他的手获得新生的成就感、器物主人"失而复得"的喜悦之情，一次次激发起老竹内心的责任感，也让他更加坚定了传承好这门手艺的决心。因为锔瓷修复的不单是瓷器本身，更是让瓷器所承载的情感能够长久延续，延续着历史的温度和故事的价值。

弘扬铜瓷工艺

斗转星移、时过境迁，曾经火红的铜瓷行业渐渐湮没在工业革命发展的大潮中，铜瓷技艺也在一点点流失。然而，随着人们生活水平的不断提高，在国人文化认同和文化自信不断增强的今天，这项传统的技艺焕发了新的活力。2019年，詹建峰被嘉兴市南湖区文化和旅游局评定为第二批南湖区非物质文化遗产代表性项目铜瓷的代表性传承人。

从过去到现在，从现在迈向未来，传承和弘扬非物质文化遗产并非一人之力可为。老竹希望通过自己的努力，让更多人参与其中，将这项技艺传承下去。近些年，越来越多的人来找他修补家里的旧瓷器，也有很多人跟随他学习各种老物件的制作。他定期开课，教授嘉兴的文艺爱好者制作线装书，这种独具特色的线装书既有个性，又有文化，学员们常将其作为礼物送给朋友。此外，他也常常教大家用旧瓷片制作项链、戒指等饰品。在中基路197号这一充满历史感的砖木结构建筑里，传承和弘扬铜瓷工艺，使更多人在不经意间就能邂逅历史建筑中的非遗之美。

在月河历史街区那些迂回曲折、纵横交错的小巷小街中，狭窄的河道和古老的民居生动地还原了水乡古城的深厚风貌。随着历史建筑保护和再利用工作的持续深入，旧民居的保护、利用和宣传形式日益多样化。中基路197号，作为非物质文化遗产的展示场所，既是对传统文化传承的完美实践，也是对历史街区文化价值的生动诠释。在这里，每一块砖、每一片瓦、每一扇雕花窗都在诉说着过往的故事，让每一位访客都能在现代与传统的交融中，感受到那份独特的文化韵味。

月河街区的保护与再利用，既保留了古城的历史痕迹，又为传统文化的传播与发展提供了新的平台和机遇。在这里，历史与现代和谐共存，文化与生活紧密联系，使人在漫步古街时，能触摸历史的脉搏，体会文化的传承。

大昌当铺
——诉说典当行的百年兴衰

周艳梅 唐斐斐

大昌当铺
来源：沈海涛摄影

建筑名称　大昌当铺（现为月河绣文化馆）
地　　址　嘉兴市南湖区新嘉街道月河中基路 101 号
建设时间　民国时期
设 计 师　不详
面　　积　占地面积 1161 平方米，保护范围面积 3310 平方米
发展演变　抗战时期位于外月河口，规模不大，抗战胜利后该当铺关闭；
　　　　　1947 年 4 月 3 日，大昌典当经理李占魁向嘉兴县政府递送呈文，希望重开大昌当铺以周转农村金融，重开后于解放前夕停闭；
　　　　　2008 年，作为景点对外展示；
　　　　　2010 年，月河大昌当铺被公布为嘉兴市区第一批历史建筑；
　　　　　2017 年 5 月至 2022 年 1 月，在大昌当铺原址上新开了一家壹零壹号当饼铺；
　　　　　后来，重新装修成为月河绣文化馆，于 2023 年 3 月正式开业。

月河因"其水弯曲抱城如月"得名。月河历史街区是嘉兴市南湖区旧城中现存最为完整、较能全面反映江南水乡城市居住特色和文化特色的区域之一。如今，月河街区小巷小街迂回曲折，纵横交错，小河狭弄、民居等还原和展现了浓厚的水乡古城风貌。景区内汇集了古玩街、花鸟市场、端午民俗馆、粽子博物馆、大昌当铺、嘉禾水驿等景点。漫步在月河历史街区，白墙上用黑漆写着硕大"当"字的大昌当铺格外引人注目。

大 昌 当 铺 概 况

在 2022 年 6 月探访大昌当铺的过程中，团队有幸结识了时年 88 岁的月河老人龚行华。老人介绍说："大昌当铺原在外月河口，便民桥左一点处，一个门面墙门，规模不大，当铺主人姓高，绍兴人，当时处在抗战时期，抗战胜利后该当铺关闭。"

嘉兴市档案馆保留着一份关于大昌当铺历史的具有重要史料价值的呈文。该呈文由具呈人大昌典当经理李占魁于 1947 年 4 月 3 日向嘉兴县政府呈送，上面记载："嘉兴中基路（旧名'中街'）系农民集市处所。在抗战以前，有典当一家，周转附近农村金融，俾获利便。而收复以后典当缺如，具呈人为调剂农村金融，觅址在中基路一乂乂[1]号，合伙创设大昌典当，以周转农村金融。有关应定利率及取赎期间遵照规则规定，悉依同业或商会决议。兹随文呈送请领执照应具事项表及切结各四份，并随缴执照费五百元。"由此可见，大昌当铺经历了抗战胜利后从关闭到重新开业这一过程，也见证了月河街区的历史。

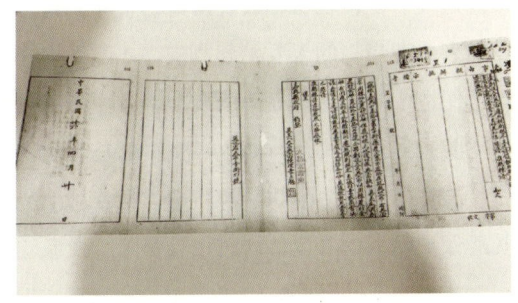

申请创设大昌当铺的呈文
来源：嘉兴市档案馆提供

---

1 "乂"为苏州码子，对应阿拉伯数字 4。苏州码子，又称"花码""草码""商码"，是中国早期民间的"商业数字"，明代苏杭地区商界用于计数、记账、标价，清末至民国初期民间应用颇为广泛，常用于当铺、药房。

2010年8月20日，月河大昌当铺被公布为嘉兴市区第一批历史建筑。如今的大昌当铺位于嘉兴市南湖区新嘉街道月河中基路101号，占地面积1161平方米，保护范围面积3310平方米。建筑坐北朝南，整体为砖木结构，四进深三开间两层楼，临街有石库门，内有砖雕门楼，东西设厢房。立面依原貌修复，其房屋样式、门窗和地面楼板基本都是原有的旧料旧物，按历史原貌进行修复，主要用于展示古代的典当文化。该建筑质量完好，属于嘉兴市区具有一定规模的民居建筑组群之一，现由嘉兴市城市投资发展集团有限公司（以下简称"嘉城集团"）统一管理。不过，目前月河历史街区为商业街运营模式，大昌当铺的布局风貌也按商户需求进行了改造，作为当铺的功能已不复存在。

　　据嘉兴市文史研究会会员黄国华先生介绍，大昌当铺是当时江南地区的石库门建筑。人们从其大门处就可以发现石库门建筑的典型特征，一圈石头的门框，门扇为乌漆实心厚木，高3米，宽约1.7米，门上有铜环一副，外墙有距离地面约1.125米高的石头墙。

　　大门内侧上方有砖雕门楼，砖雕技艺精湛，构思巧妙，气韵生动，字碑上镌有"当押利义"四个大字，兜肚[2]上雕刻的人物栩栩如生，上枋刻有中国吉祥图案——金鱼，象征着吉祥富有。

　　进入大昌当铺正厅，首先映入眼帘的是位于左侧的当铺柜台。当铺柜台的特点是异常高大，柜台长约6米，高约1.5米，柜台面也特别宽，上方装有木栅式杆。柜台内设有三级木质踏板，总高约0.5米。当铺柜台修得如此高，对前来典当的顾客来说肯定是不方便的。无论个子高矮，一般人基本够不着，而负责站柜收纳当品的朝奉也需坐在特制椅子上才能勉强看到客人。这种对双方都不友好的设计，为什么一直延续？柜台之所以设置得高，实际上是为了给典当者造成一种心理压力。前来典押当物的人要踮起脚尖，才能将物件费力地传递给朝奉，这样容易给他们造成一种低人一头的压力，方便当铺对所当物品进行压价。此外，是为了防止意外。典当行业也被视为高危行业，如果来当物品的人脾气暴躁，就可能和朝奉发生争执甚至打架。柜台高上一大截，并加上一些木制栏杆，既能保护朝奉的安全，同时也具备防止强盗或歹人抢劫的功能。

2　兜肚，砖雕门楼字碑左右两边的一对对称的矩形方块，上面刻有雕饰图样。

当铺外墙
来源：周艳梅拍摄于2022年6月6日

当铺大门
来源：周艳梅拍摄于2022年6月6日

砖雕门楼
来源：周艳梅拍摄于2022年6月6日

改造后的当铺柜台和柜台内部
来源：周艳梅拍摄于2022年6月6日

当铺有一套非常严格的典当管理制度。进货入库称"入流",赎货出库称"出流"。当铺中管账人和管库人分工明确。管账人不得入库房,管库人缺物要赔。柜台内挂有典当规章。朝奉接货验货喊价,账房先生登记入账。当票银交付当物者后,朝奉将当物包妥帖上封签,编上字号,送包存放。柜台内还挂有一块"望牌",用以显示当期,按照所执行当期月数,选择《千字文》开篇的文字依序排月份,如"天、地、元、黄、宇、宙、洪、昌、日、月、盈、者、辰、宿、列、章、安、来"。望牌相当于当铺的日历,上下共有18块,每3个月往后移一格。当物以18个月为期,到期可赎回,若到期不赎,则由当铺处理。

沿着正厅最右侧靠墙而建的狭窄木质楼梯拾级而上,来到当铺二层。顶部纵横交错的木梁映入眼帘,八根木柱和木梁构成抬梁式架构,一起支撑屋顶。在柱顶的水平铺作层上,沿房屋进深方向架有数层叠架的梁,梁逐层缩短,层间垫短柱或木块,最上层梁中间立小柱或三角撑,形成三角形屋架。抬梁式结构复杂,加工细致,结实牢固,经久耐用,且内部有较大的使用空间,同时还能营造出宏伟的气势,又可塑造出美观的造型。关于二层空间,月河工作人员郁嘉范先生介绍说:"当铺二层进深约15米,面宽约10米。"

柱梁之间采用榫卯结构连接,这样的结构通过凹凸紧密咬合,形成稳定而坚固的框架,改变了建筑的受力方式,通过层层传递,使整个建筑受力点变得更为均衡,保证建筑具有良好的抗震稳定性。当这样的榫卯组合在一起时,可达成一种复杂微妙的平衡。这种独特的连接方式,使榫卯结构隐藏在整体建筑中,因此从外观上来看,整个建筑完美统一。

典当规条和"望牌"
来源:周艳梅拍摄于2022年6月6日

当铺二层
来源:周艳梅拍摄于 2022 年 6 月 6 日

二层木梁和柱梁结构
来源:周艳梅拍摄于 2022 年 6 月 6 日

明清以来嘉兴地区典当业的发展

在我国,当铺的经营历史十分古老。典当作为一种江湖救急的形式,源于 1500 多年前的南朝。起初,它是一种由寺庙将多余资金以抵押方式向民间出借的行为,叫作"质库""质肆"或"质舍"。唐朝、两宋时期当铺又称"质库""解库""长生库""典库""典铺""印子库"。诗圣杜甫就曾写过"朝回日日典春衣,每日江头尽醉归"。诗仙李白更是写下"五花马,千金裘,呼儿将出换美酒"的千古名篇,可见唐朝诗歌兴盛的背后也有着诗人典衣换酒的豪举。元朝的当铺称为"解典库""解典铺",直至明清时期才称为"当铺""典当"。

全国的蚕桑重地浙江嘉兴府,"质库"的运作与当地的稻米、丝织业休戚相关。秋冬之际,稻谷丰收,米价较为低廉,如果此时将大米卖出,对农户来说很不划算，交易得来的收入可能难以养家糊口，但官府征收赋税在即，很多农户选择将大米典当，换银纳赋，等到来年春天蚕事结束，农户再用养蚕得来的收入去当铺赎回大米。此类典当行为在嘉兴一带并非特例，而是逐渐成为一种习俗。稻米种植、养蚕缫丝都有着严格的时节要求，赋役的征收也有固定时间。典当业的出现成为沟通三者的桥梁，弥补了中间资金周转存在的时间差，当铺经营者则在这一过程中将自己的利益最大化[3]。

由于小生产者对资金借贷需求不断增长，典当成了最引人注目的金融机构，特别是在江南的乌青镇，典当业尤为兴盛。"乌青镇——明代分为乌、青两镇，以一河相隔，乌镇属湖州府乌程县，青镇归嘉兴府桐乡县。乌青镇物产丰富，四通八达，交通便利，商贾云集，商业繁荣。乌青镇典当业发展兴盛。"据《见闻杂记》卷三记载，明万历十六年（1588），乌青镇发生饥荒，地方官发动富商捐米赈灾，镇上就有9家典当铺的老板捐米，其中青镇8家、乌镇1家，每家捐大米20石，总共捐出了180石[4]。从某种意义上来说，乌青镇兴盛的当铺业在一定程度上缓解了民众的生活危机，从而起到稳定社会的作用。从中也能推断出大昌当铺的存在意义，民国时期的大昌当铺或许也曾在帮助农民和小工商业者解决生活困难和融通资金上起到一定的促进作用。

典当行业的发展也与当地政治、经济形势息息相关。"抗战前夕，嘉兴县有典当13家，凤桥镇茂盛丰典当，建于清同治六年（1867）。同治十年（1871）塘汇镇设立鼎源典当。民国初期，嘉兴7县典当约有60家。[5]"据《申报嘉兴史料》记载，1926年7月至1927年12月，嘉兴城内外各当铺经历"多日停市""复市""限时典赎""限额营业"。1927年2月，嘉兴各当铺更因地方骚乱，将每日营业时间缩短至半小时或一小时，让贫户颇感困难。城内的盛昌当，王店恒昌、万裕、仁兴四家当铺也经历兵劫或被溃军劫掠多次，损失巨大。而当户持当票想赎回被当物品时，因无物可赎而和当铺屡屡发生纠纷。到1930年初，因经济不景气，嘉兴城内多家当铺倒闭，只剩下29家勉强维持。抗战爆发后，当铺全部停业。《嘉兴市志》中记载："抗战胜利后，嘉兴只有4家典当，其他各县寥寥无几。后因货币大幅度贬值，解放前夕典当全部停闭。[6]"在那个风雨飘摇的年代，大昌当铺也同样命运多舛。随着银

---

3 冯志洁. 明代江南质库经营与艺术品典当：以浙江嘉兴府为中心[J]. 东南大学学报（哲学社会科学版），2017, 19（4）: 139-141.

4 陈剩勇. 浙江通史·第7卷·明代卷[M]. 杭州：浙江人民出版社，2005: 249-250.

5 《嘉兴市志》编纂委员会. 嘉兴市志[M]. 北京：中国书籍出版社，1997: 1597.

6 《嘉兴市志》编纂委员会. 嘉兴市志[M]. 北京：中国书籍出版社，1997: 1597.

行体系的逐渐完善和国民经济的全面调整，大昌当铺受到了严重冲击，慢慢失去了其存在意义，逐步退出了历史舞台。

大 昌 当 铺 现 状

嘉城集团屠晔雯主任介绍道，曾有一家知名蛋糕店自 2017 年 5 月至 2022 年 1 月与嘉城集团签订合同，在大昌当铺原址上开过一家"壹零壹号当饼铺"。该当饼铺在原有建筑结构的基础上加以现代的设计元素，成为一家集休闲娱乐于一体的专营伴手礼的店铺，同时也赋予了大昌当铺新的活力。

后来，大昌当铺又被重新装修，改建成以展览刺绣文化艺术品为主题的月河绣文化馆，并于 2023 年 3 月正式开业。大昌当铺以崭新的面貌矗立在月河历史街区的老街石板路上，与小河、古桥、狭弄、旧民居、廊棚一起向人们展现月河街区浓厚的水乡风情和旧时嘉兴"江南府城"的繁华。同时，它也为传承与弘扬中华优秀传统文化贡献着一份力量。

月河绣文化馆
来源：沈海涛摄影

月河绣文化馆正门
来源：沈海涛摄影

南湖革命纪念馆（老馆）
——南湖旁的革命丰碑

黄琴琴　杨文睿

南湖革命纪念馆（老馆）
来源：沈海涛摄影

建筑名称　南湖革命纪念馆（老馆）
地　　址　嘉兴市南湖区南湖路64号
建设时间　1990年9月30日，南湖革命纪念馆奠基典礼举行；
　　　　　1991年6月20日全面竣工
设 计 师　不详
面　　积　占地面积3800平方米，建筑面积1980平方米
发展演变　1959年国庆期间，南湖革命纪念馆（一代馆）在南湖湖心岛正式建立；
　　　　　1990年9月30日，南湖革命纪念馆（二代馆，即老馆）在南湖路奠基动工兴建，并于1991年"七一"前夕正式对外开放；
　　　　　2006年6月28日，中国共产党成立85周年之际，南湖革命纪念馆（三代馆，即新馆）在烟雨路破土动工；
　　　　　2010年，南湖革命纪念馆（老馆）被公布为嘉兴市区第一批历史建筑；
　　　　　2011年，中国共产党成立90周年之际，南湖革命纪念馆（新馆）正式对外开放。

如果说，博物馆代表了一座城市的文化传承和历史底蕴，那么革命纪念馆承载的就是一座城市艰辛奋斗的历程。每座城市都有博物馆，但并非每座城市都有革命纪念馆。嘉兴，这座杭嘉湖平原上的江南水乡，因南湖红船的重要意义推动建立了国内为数不多的革命纪念馆，又因红船上的"一大首聚，开天辟地"成为中国革命历史长河中的璀璨明珠。

寻 根 溯 源

1921年7月23日，中国共产党第一次全国代表大会在上海望志路106号（今兴业路76号）开幕，最后一天的会议转移到浙江嘉兴南湖举行。为了铭记这段伟大历史，1959年，中共嘉兴县委发布文件，决定建设南湖革命纪念馆，以永远珍藏革命记忆。建馆之初，首要任务是仿造"一大"在南湖开会时的用船，因为"船"是南湖革命纪念馆的核心象征。其次，计划新建"革命历史文物陈列室"，用于展示"一大"到"八大"的革命文物图片、资料等珍贵藏品。此外，还计划修缮烟雨楼，因为部分房屋在日军占领期间被改建为东洋式建筑，需要进行整改。1959年国庆期间，南湖革命纪念馆（一代馆）在南湖湖心岛正式落成[1]。

南湖革命纪念馆（一代馆）
来源：文旅南湖．南湖红色旅游 | 烟雨楼：开天辟地大事变的见证者[EB/OL]．(2021-07-09)．https://mp.weixin.qq.com/s/NDZjgIacABQsJnO4x9GUw．

---

1 《嘉兴市志》编纂委员会．嘉兴市志[M]．北京：中国书籍出版社，1997：1772-1773．

艰 难 建 馆

1985 年，邓小平同志在北京亲笔为南湖革命纪念馆（一代馆）题写了馆名。由于当时条件的限制，展馆仅设在烟雨楼的一楼大厅，狭小的空间影响了广大党员和群众的参观体验。随着改革开放的推进和对革命传统教育需求的日益增长，提升纪念馆的社会教育功能愈发重要。在南湖之畔建立一座既蕴含深厚历史意义又展现时代特色，既布局严谨又气势恢宏的革命纪念馆，成为 300 多万名嘉兴市民的共同心愿。

1990 年 6 月，"我为南湖增光辉"活动正式启动。这一活动从南湖岸边迅速扩展至全国各地，社会各界人士纷纷慷慨解囊，为南湖革命纪念馆（老馆）的建设贡献力量。截至年底，共筹集资金超过 320 万元，远超原定 95 万元的目标。如今，在南湖革命纪念馆（老馆）一楼的墙上，依然镌刻着当年那些为纪念馆建设慷慨捐助的个人名单。

1990 年 9 月 30 日，南湖革命纪念馆（老馆）在一片庄重与期待中举行了奠基典礼。仅仅数月之后，1991 年 6 月 20 日，这座纪念性建筑全面竣工。紧接着，在党的 70 周年诞辰前夕的 6 月 25 日，纪念馆举行了盛大的落成典礼。

这座纪念馆坐落于风景秀丽的南湖湖畔，东侧紧邻湖心岛，西侧与南湖路相伴，占地面积达 3800 平方米，建筑面积为 1980 平方米，其中藏品库房占据了 120 平方米的空间。从高空俯瞰，纪念馆的主体建筑巧妙地呈现出中国共产党党徽的形态，彰显着其独特的文化与历史意义。

纪念馆坐北朝南，南面是一个宽敞的 800 平方米广场，广场中心设有一座庄重的宣誓台和一座精致的小型石雕照壁，为参观者提供一个沉思与致敬的空间。馆内分布有两个陈列展厅，总面积达 500 平方米。二楼展厅专门用于展示中国共产党第一次全国代表大会的史料，系统地回顾了自 1840 年以来中国人民为探索救国救民之路所付出的一系列努力与奋斗，特别强调了中国共产党成立的重要历史时刻。一楼展厅则灵活运用于举办各类相关图片展览。

自落成之日起，南湖革命纪念馆（老馆）不仅成为一个展览的场所，更担负起了宣传教育的重要职责，成为一个真正的标志性建筑，承载着历史的厚重与未来的希望。

在这座伟大纪念馆建成的背后，凝聚着无数人的汗水和心血。在南湖革命纪念馆（老馆）的建设过程中，国家规定的定额工期为 487 天，但为了抓紧时间，确保工程能在 249 天内高质量完成，以回应全市 316 万人的殷切期望，

建馆捐款名录（碑文由秀州中学离休老师赵铭撰写）
来源：沈海涛摄影

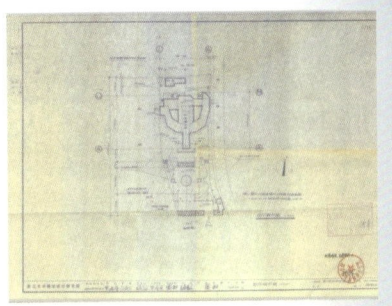
南湖革命纪念馆（老馆）设计图
来源：嘉兴市住房和城乡建设局提供

南湖工地上的广大职工们怀抱着坚定的信念——"建好纪念馆，是我们为南湖增光辉最直接的行动。哪怕是少睡觉、不休息，我们也要把工程抢出来。"正是这种无私的奉献精神，使南湖革命纪念馆（老馆）在有限时间内，不仅保质保量，而且以惊人的速度"拼"了出来。工地土建施工员钱峰，为了全身心投入工作，将所有家务事都托付给了妻子和老人。在工地基础开挖期间，他不慎碰伤眼角，留下了一道2厘米长的伤口。在医院缝了三针，医生建议他休息几天，但他不顾伤痛，一出院便直奔工地。他说："没有什么事比南湖工程更重要。"

时已年近60岁的"南湖工程"安装负责人施宝山，论资历完全可以安坐办公室。然而，当组织需要一名有威信的同志去压镇蹲点并征求他的意见时，这位1953年参加工作、1956年入党的"老安装"深情地说："是党给了我一切，如今建馆，也是我在职期间最后一次为党尽责的机会了，我不做，谁做！[2]"第二天，他便毅然把办公室搬到了施工现场。每天，施宝山就像一只上足了发条的钟，总会提前20分钟到达工地，整理工具，筹划一天的工作。当班组的同志们陆续到来时，他总是率先戴上安全帽，拿起工具袋，走在队伍的最前面，这无声的行动胜过千言万语，让年轻同志们由衷敬佩。

为了确保工程按计划推进，许多职工都拼尽全力。土木班长陈米华带领全班37名成员，仅用30天时间就完成了整个工程两层楼面的全部制模任务。他们每天从早上7点半开始工作，一直忙碌到晚上11点半，长时间的高强度劳动让许多同志累倒在工地上。但稍作休息后，他们又重新站起来，继续

---

2 根据嘉兴市档案馆资料整理。

投入紧张的工作中。一次午饭时间，大家发现班长迟迟不出来，分头去找，最终在一个柱头模板孔下面找到了他，只见他已经累得趴在那里睡着了，手中仍攥着一把锄头。这两百多个日日夜夜，他们的不眠不休让这座承载着中国共产党重要历史的纪念馆走到了人民的面前。

纪念馆的建设者们，用实际行动诠释了什么是责任，什么是担当，什么是对历史的尊重和对未来的承诺。正是因为有了这样一群可敬可爱的人，纪念馆才能以辉煌的姿态矗立在世人面前，成为传承红色基因、弘扬革命精神的重要阵地。

新 馆 开 放

进入 21 世纪，为更好保护、挖掘和利用南湖的红色资源，充分发挥纪念馆作为全国爱国主义教育示范基地的作用，政府决定筹建南湖革命纪念馆（新馆）。随着南湖的影响力越来越大，南湖革命纪念馆（老馆）的接待能力已经无法适应当时的需求。据当时的馆长章水强介绍，在中国共产党成立80 周年的时候，到南湖革命纪念馆（老馆）参观的人，一天超过 3 万人，新建一个更大的南湖革命纪念馆迫在眉睫。2005 年 10 月，南湖革命纪念馆扩建项目获得有关部门批准。新馆选址在南湖南岸，总建筑面积 19 633 平方米，是老馆面积的 10 倍。2006 年 6 月 28 日，在庆祝中国共产党成立 85 周年之际，时任浙江省委书记的习近平同志为南湖革命纪念馆（新馆）奠基。2011 年，中国共产党成立 90 周年之际，南湖革命纪念馆（新馆）正式对外开放。这三座革命纪念馆，也是南湖儿女红心凝聚的信仰丰碑，记录了党的奋斗历史、国家的富强和人民的团结。

老 馆 的 全 新 定 位

嘉兴南湖革命纪念馆（老馆）2021 年至今举办的"忠实践行'八八战略'奋力打造'重要窗口'"主题展览，全面回顾和展示了"八八战略"在浙江的实践，旨在用好红色资源，延续红色血脉，守护红色根脉，打造"重要窗口"，推动高质量共同富裕区的建设。老馆内部分为序章、时代征程、红色领航、浙江实践、走向未来五个部分，重点展示习近平新时代中国特色社会主义思想在浙江的萌发与实践，通过经济腾飞、整体智治、文化繁荣、美好生活、

南湖革命纪念馆（新馆）
来源：沈海涛摄影

美丽浙江五个板块呈现中国共产党浙江省委员会以"八八战略"为指引，坚持一张蓝图绘到底，一任接着一任干，团结带领全省干部群众砥砺前行、开拓创新的精神，展示了浙江大地所发生的历史性变革和取得的历史性成就[3]。观众除了能够沉浸式体验，感受震撼的大屏观感，还能参与许多互动小游戏，在游戏中体验浙江亮点、感悟浙江精神。

　　嘉兴南湖，作为中国共产党的诞生地之一，在历史上具有十分重要的地位，在全国人民心中铭刻了神圣的印象。自1959年南湖革命纪念馆（一代馆）正式成立，到1991年一座党徽造型的纪念馆（老馆）在南湖东岸拔地而起，再到2011年建党90周年之际南湖革命纪念馆（新馆）正式对外开放，三座纪念馆的建设见证了一代又一代南湖儿女的红色记忆，也见证了建党百年的岁月变迁。中国共产党从风雨飘摇中走来，初心不改，在栉风沐雨继续前进。在这里，人们从全国各地不断涌来，看一次展览，听一次党课，学一次党章，观一次专题片，瞻仰一次红船，重温一次入党誓词，时刻警醒自己牢记时代使命，为中国革命事业踔厉奋发，砥砺前行！

---

3 市委党校．院校组织参观"忠实践行'八八战略'奋力打造'重要窗口'"主题展和"走进嘉兴——日新月异40年"图片文献展[EB/OL]．（2023-10-17）．https://www.jiaxing.gov.cn/art/2023/10/17/art_1559514_59621986.html．

居住建筑

居住建筑，通常指供人们日常居住生活使用的建筑物，也被称作"民居"。在嘉兴市历史建筑中，居住类建筑以其数量之多、类型之丰富引人瞩目。截至 2024 年 10 月，嘉兴市区共公布了 78 处居住类历史建筑，它们分布在不同年份，每一处都有着自己独特的历史价值和文化内涵。

从传统走向现代

嘉兴市的居住建筑，如同这座城市的根脉，深深扎根于这片肥沃的土地，承载着世代嘉兴人的日常生活与记忆。它们不仅为人们提供了遮风避雨的居所，更是嘉兴历史文化的载体，见证了这座城市的变迁与发展。

第一批（2010 年）公布的 45 处居住建筑，见证了嘉兴从传统走向现代的历程。第二批（2018 年）公布的 18 处，第三批（2019 年）公布的 15 处，这些后续公布的建筑，不仅丰富了嘉兴的居住建筑群，也展现了嘉兴在不同历史时期的发展与变化。

居住建筑示意图（本图为位置示意，与实际尺寸不符）

从保护到传承

嘉兴市的居住建筑类历史建筑，包括传统民居、花园别墅、近现代洋楼、现代职工宿舍楼等多种类型。这些建筑主要建于民国时期及以后，或古朴典雅，或现代时尚，展现了嘉兴居住建筑的多样性和包容性。其中，不乏一些保护利用较为成功的案例，如南湖路小洋楼，现已改造成人气商业中心的茶室和咖啡馆，受到民众喜爱。踏入这些历史建筑，仿佛可以穿越时空，感受到那个时代的风情与韵味。那些精美的砖雕木刻、斑驳的墙壁，无不透露出历史的沧桑与文化的积淀。它们不仅是嘉兴人民生活的舞台，更是嘉兴历史文化的见证。

然而，部分民居的存续状况令人担忧，如东栅卢氏民宅等建筑，迁移前已破败不堪，还有一些居民建筑亟待加强保护措施。这些建筑，如同嘉兴历史的活化石，承载着嘉兴人民的记忆与情感，加强对它们的保护与传承，对嘉兴历史文化的保护与传承具有重要意义。

让我们步入嘉兴那些充满故事的居住建筑，细细品味它们所承载的历史过往，感受那些曾在此生活过的主人留下的岁月痕迹。

RESIDENTIAL BUILDINGS

东栅卢氏民宅
——从米行掌柜居所到人民法院旧址

章 蓉 丁智萍

东栅卢氏民宅正面
来源：章蓉摄于 2022 年 11 月 18 日

建筑名称　东栅卢氏民宅
地　　址　嘉兴市南湖区七星街道甪里街双溪路到长丰桥中间段（现已搬迁）
建设时间　民国时期
设 计 师　不详
面　　积　不详
发展演变　民国时期，为"石鸿盛"米行掌柜卢铁青住宅；
　　　　　1954—1955 年，为嘉兴县人民法院驻地；
　　　　　20 世纪 60 年代，卢宅西厢房为塘汇区东栅税务所的办公地；
　　　　　2010 年，东栅卢氏民宅被公布为嘉兴市区第一批历史建筑。

东栅卢氏民正面的嘉兴市历史建筑挂牌
来源：沈海涛摄影

破败的东栅卢氏民后院墙
来源：沈海涛摄影

时光荏苒，曾经熙熙攘攘、热闹非凡的东栅老街[1]，随着城市更新和拆迁的步伐，逐渐变得只剩"半壁江山"。在这仅存的半壁江山中，许多昔日大户人家的宅院依旧矗立。尽管历经岁月的洗礼，它们仍坚强地屹立着，却也像步入暮年的老人，迫切需要得到修缮和保护。东栅卢氏民宅以下简称"卢宅"，便曾是这片"荒地"上的一座历史悠久的宅邸，见证了东栅老街的沧桑巨变。

"石鸿盛"米行掌柜的宅邸

明清时期，东栅住了很多大户人家。如今保留下来的老宅子，并被认定为嘉兴市历史建筑的包括：新中国嘉兴县政府首期驻地的王宅、县政府第二期驻地的石宅、县人民法院驻地的卢宅，以及民居许宅等。

卢宅建于民国时期，砖木结构，坐北朝南，迁移前存一进三开间，两层堂屋以及西厢房。格扇、梁托等细部装饰精美。东栅老街对面拔地而起的现代化高楼大厦和老街残破的背影形成鲜明对比。曾经在绿树掩映中颇具江南建筑风韵的卢宅，虽然已经破败不堪，但常会引得路人驻足观望。人们对其前尘往事充满好奇，然而能够获悉的消息很少，仅知其主人为嘉兴原"石鸿盛"米行掌柜（亦称"协理"）卢铁青。至于卢氏的生平信息，已随着老街

---

[1] 东栅老街，位于嘉兴甪里街东段，南沿甪里河（古称"双溪"）。原属于东栅街道，现在归七星街道管辖。

的消逝逐渐湮没在历史的尘烟中，有待后人进一步发掘与考证。迁移前的卢宅虽已破败，但从其宅院面积、建筑框架、雕梁画栋的精美装饰等仍能窥见其当年鼎盛时期的风采。巧合的是，迁移前的卢宅和如今已经成为针织厂食堂的"石鸿盛"米行老板的"石宅"相距不远。可以说，卢宅与石宅的存在，与嘉兴作为鱼米之乡、江南粮仓的地位密不可分，米行掌柜住宅的富丽堂皇也见证了当年米行生意的繁荣与兴旺。

嘉兴能成为"江南粮仓"乃至"天下粮仓"，可追溯至唐大历年间（766—779）。彼时，大理评事朱自勉主持嘉兴屯田，产粮"岁登亿计""数以浙西六州租税埒"，并成为"嘉禾一穰，江淮为之康"的全国重要产粮区。两宋时期，稻麦两熟，构筑富饶的"江南粮仓"；明永乐元年（1403）"越贾吴商，樯舶云集"；清代初中期，浙江已形成以嘉兴为中心的大米集市。嘉兴素有"米码头"之称，其米市远近闻名，尤以清代最盛。朱彝尊《鸳鸯湖棹歌》云："父老禾兴旧馆前，香秔熟后话丰年。楼头沽酒楼外泊，半是江淮贩米船。"

清末民初，米业重心向米行或米店转移。嘉兴的米店中，北门外塘湾街的大丰米店和城内北大街的众安桥首天德米号实力较为雄厚。东郊凤桥镇的袁正大米行、东栅口的石鸿盛米行以及王店镇的潘恒茂米行则是当地米行的佼佼者，它们均是独资经营，囤积了数万石的米粮，资本最为雄厚[2]。

嘉 兴 县 人 民 法 院

1949年和1954年，东栅两度成为嘉兴县政府的所在地。1954年春天，嘉兴县人民法院成立，其办公和审案之处，便设在卢宅之中。据悉，当时在卢宅审理了大量案件，在此诞生了新中国第一批人民陪审员。

据嘉兴市档案馆三级调研员李持真介绍，在卢宅里，诞生了嘉兴第一张人民陪审员的"陪审证"，到1955年已在此审理了大量案件，卢宅作为嘉兴历史的见证，具有重要的历史意义[3]。生于东栅、长于东栅的嘉兴文史爱好者薛家煜先生表示，卢宅是新中国嘉兴县人民法院的驻地，东栅人许汉水1954年被聘为首批陪审员时颁发的那张编号为20的陪审证，现由他收藏。

---

2 周咬脐，孙亮侪. 禾城南栅米市埠 | 清末嘉禾米市埠的一段"渔樵史话"[EB/OL].（2022-04-11）. https://baijiahao.baidu.com/s?id=1729792351698811125&wfr=spider&for=pc.

3 嘉兴小新. 荒地老宅竟是嘉兴县人民法院，曾诞生新中国第一批人民陪审员[EB/OL].（2021-03-18）. https://mp.weixin.qq.com/s/8bOC5OB5K6fKt4ZhqWlmmw.

绿树掩映中的卢宅
来源：沈海涛摄影

卢宅侧墙外观
来源：沈海涛摄影

　　时过境迁，当年许多具体情况已不可考，比较确定的是，当时主政嘉兴人民法院的是一名女院长——魏恒灿，唯愿有机会能够聆听当事人详细的介绍。

　　薛先生还提及，20世纪60年代以后，卢宅的西厢房曾作为塘汇区东栅税务所的办公地，他曾替母亲前去办理纳税事宜。之后，卢宅还成为东栅宣传队活动场所，最终成为照明电器厂车间。可以说，这座老建筑的每一个细节都凝结着一段深厚的嘉兴历史。2010年，卢宅被公布为嘉兴市区第一批历史建筑，为嘉兴市成功入选国家历史文化名城作出了贡献。

卢宅侧墙外观
来源：沈海涛摄影

风雨飘摇，异地迁移

　　卢宅因其建筑文化价值和历史价值入选了嘉兴市区第一批历史建筑，曾由于长期无人居住，保存状况不良。老屋在台风的摧残下，屋脊被大风刮断，西厢房已坍塌，宅院里更是布满了挖宝人留下的盗洞。在本书即将出版之际，获悉老宅已经实施异地迁移保护，新址选在嘉兴石油机械厂附近。由于历史建筑的不可逆性，每一幢老建筑的消失，都意味着一段可珍贵记忆的湮灭。期待卢氏老宅能够在新环境中恢复往昔的风采，继续承载那段历史。同时，也期盼其他依然默默无闻、风雨飘摇的老建筑们能够尽快得到妥善保护和处理。相信这不仅仅是文史专家们的关切所在，更是所有珍视老建筑、热爱地方历史的人们的共同心愿。

　　　　　　　　　　　本文得到了薛家煜先生的诸多支持，特此表示感谢。

徐诒谷堂
——梅湾里的百年传承

李慧婷 宁云靖

建筑名称　徐诒谷堂
地　　址　嘉兴市南湖区建设街道梅湾街 36 号（现兰庭酒店）；
　　　　　嘉兴市南湖区建设街道梅湾街 40 号（现诒谷堂酒楼）
建设时间　主宅（现兰庭酒店）竣工于 1914 年，辅宅（现诒谷堂酒楼）建于
　　　　　1916 年，皆于 2002 年由嘉城集团修缮
设 计 师　原设计师不详，主宅改为兰庭酒店后由酒店负责人亲自设计改造；
　　　　　辅宅改为酒楼后，酒楼负责人曾聘请西班牙设计师进行装修设计
面　　积　1468.19 平方米（兰庭酒店）；
　　　　　628.49 平方米（诒谷堂酒楼）
发展演变　1914 年，主宅竣工；
　　　　　1916 年，宅主徐老德于主宅西面扩建宅院，建辅宅；
　　　　　1919 年，宅主徐老德去世；
　　　　　1923 年，继任宅主（徐老德长子）去世，其他几房兄弟亦先后去世，
　　　　　家道开始衰落；
　　　　　2002，嘉城集团进行梅湾历史街区改造，对徐诒谷堂按照"修旧如故，
　　　　　以存其真"原则进行修缮；
　　　　　2010 年，梅湾街徐诒谷堂被公布为嘉兴市区第一批历史建筑；
　　　　　2012—2013 年，主宅改造装修为兰庭酒店后经营至今，辅宅改造装
　　　　　修为酒楼，保留"诒谷堂"旧名对外营业至今。

在多雨的季节里，漫步在梅湾长石板条铺就的街弄，暗香袭人，忽浓忽淡，仿佛轻纱幔拢，氤氲着心底的温柔。花尖上的水珠摇曳着，在行人往来间轻声述说着各自的故事。

如今的梅湾街历史街区，经过嘉兴市人民政府和嘉城集团自2002—2007年历时五年的改造，焕发出新的活力。梅湾街以老南门江南民居保护区为底蕴，秉持着"修旧如故，以存其真[1]的修缮原则，将休闲、娱乐、商业和文化融为一体，营造出一个充满历史韵味而又现代时尚的街区。坐落于西南湖畔的梅湾街区，群水环伺，河港纵横，与京杭大运河和环城河相连，形成了独特的江南水乡风貌。在街区改造前，此地曾是南门外江南水乡的民居和商贾云集之地，老嘉兴人亲切地称之为"南门梅湾里"，承载着一代又一代嘉兴人的记忆。

西南湖为古鸳鸯湖的残存部分，鸳鸯湖作为嘉兴主要的风景名胜区也被赋予了浪漫色彩，历代文人的吟咏赞颂，让人们得以遥想那鸳鸯戏水、舟楫穿行的美景，以及那水天一色的烟波浩渺。南宋嘉兴诗人张尧同在《嘉禾百咏·鸳鸯湖》中写道："东西两湖水，相并比鸳鸯。"清代嘉兴大诗人朱彝尊在《鸳鸯湖棹歌》中吟唱："自从湖有鸳鸯目，水鸟飞来定自双。"这两位诗人的诗句，似乎都揭示了鸳鸯湖得名的缘由，或因东西两湖相依如鸳鸯，或因湖中多鸳鸯，双双自由翱翔。苏东坡也曾借这皎皎湖光月色安慰被贬至嘉兴的好友钱安道，留下"鸳鸯湖边月如水，孤舟夜榜鸳鸯起"的动人诗句。唐代的鹤渚、裴岛，历经岁月的洗礼，演变成了今天的放鹤洲、梅湾岛。斗转星移，倏忽千年，这里不仅见证了钱谦益与柳如是的浪漫定情，也留下了明代"梅颠道人"周履靖在梅林小筑中携酒邀月的风雅往事。鸳鸯湖的每一缕清波，都蕴含着历史的深度与文化的厚重。

梅湾大抵因梅林小筑的三百余株梅林，或因古街曲折形似如梅枝而得名。梅湾街一分为二，东片区称"外梅湾"，最会说情话的翻译家朱生豪写给妻子的浪漫情诗便在这里吟诵；西片区称"里梅湾"，徐诒谷堂便坐落于此。

循着地图来到梅湾街探访历史建筑，不经意间，一座名为"兰庭酒店"的建筑映入眼帘，其名字刻在砾石上，虽不甚醒目，却与周围的青翠相映成趣。继续前行，一块刻有"徐诒谷堂"的石碑静静地伫立，引领着访客走进一座充满故事的院落。

---

1 嘉兴市地方志编纂委员会. 嘉兴年鉴（2006）[M]. 北京：中华书局，2006：167.

梅湾街牌坊
来源：宁云靖拍摄于 2022 年 5 月 2 日

徐诒谷堂现今格局鸟瞰图
来源：嘉兴市住房和城乡建设局提供

徐家主宅正貌
来源：沈海涛摄影

徐家辅宅正貌
来源：宁云靖拍摄于 2022 年 5 月 2 日

兰庭酒店西墙角的"徐诒谷墙界"与诒谷堂西墙角的"徐诒谷堂"
来源：李慧婷拍摄于2022年1月9日

这两座建筑皆属于2010年被公布为嘉兴市区第一批历史建筑的"徐诒谷堂"，共包含主宅和辅宅两座建筑，皆为徐家所建。根据相关记载，可知两处建筑的基本情况："徐诒谷堂位于建设街道梅湾街，建于清末时期，共有东西两处，均为砖木结构，坐南朝北，东处为五开间三进深，西处为前二进三开间两层楼，后一进三开间一层楼，临街有石库门，内有砖雕门楼，建筑质量良好，作为本地多进深宅院民居建筑的典型。"

据嘉兴市文史研究会会员黄国华先生发表于《嘉兴文史汇编》中的文章介绍，徐家老宅整组建筑群占地约10 000平方米，主宅位于里梅湾东端，竣工于1914年，是徐家所建最早、最大的一所，也是嘉兴现存保留最大的传统民宅。主宅为徐家鼎盛时期建造，当时家主徐老德五十余岁，生五男二女，主宅建成后，他与长子徐友卿（三房）共同居住。两年后，徐家在西侧另建屋堂，取名"诒谷"，并在主宅东西墙角下立界石，刻"徐诒谷墙界"，新房则由七房所居。这两座宅院基本呈现了清末民初典型的嘉兴传统建筑风格。现东处即主宅改为兰庭酒店（梅湾兰庭），西处即辅宅改为诒谷堂（酒楼），承继原堂名。

在那个时代，里梅湾是名门望族的聚集地，徐、沈、褚、黄四大家族的宅院几乎占据了梅湾街的半壁江山，它们不仅是家族荣耀的象征，也是梅湾街历史与文化的见证。

作为四大家族之一的徐家家主徐老德生于清同治年间（1862—1874），于1919年去世。据《嘉兴府志》载："嘉兴徐氏。南宋末远祖彦明为嘉兴令，遂居海盐，洪武初祖某赘居嘉兴乡间，因在秀嘉两县著籍。"海盐徐氏亦为彦明后裔。徐氏为明清望族[2]，自徐瓒以下七世可考27人，进士2人，举人2人，鸿博1人[3]。到清光绪年间（1875—1908），徐氏族人徐老德在城南一带经营徐信成米行、志源号钱庄、鼎丰典当行、万生酱园等成为富豪。

徐家主宅（兰庭酒店）和辅宅（诒谷堂）有着相同的文化根脉，却又有着截然不同的命运轨迹，让我们分别寻访，一探究竟。

兰 庭 酒 店

粉 墙 黛 瓦 雕 画 卷

徐家主宅依西南湖而建，临街有石库门，宅后有河埠，临河有楼阁、青砖、黛瓦、粉墙，描摹出江南水乡的温婉与浪漫。老宅坐南朝北，两层砖木结构，建筑面积近1500平方米。

老宅面阔五间，三进深，古时以奇数为吉祥，面阔越多，等级越高。开间由四根檐柱间隔，原二十四扇长窗如今为十八扇暗红色万字纹格扇木门，为修缮时仿造，下部分别刻有梅、兰、竹、菊图案。黄国华因与徐家有亲戚关系，儿时曾到往徐家，对徐家往事较为熟悉。据黄国华介绍，当年尚无玻璃，门窗多为蜊壳窗，即将贝壳打磨成薄片镶嵌在木框上。蜊壳窗亦展现了嘉兴水乡文化与生活的生动融合，既保温又防水，既通透又极具观赏性。对于徐家临街建楼，一进并未完全遵循传统大宅，如大门、院门、天井、大厅等的规制建造，黄国华先生给出了解释，由于城市发展和人口增长，土地资源变得日益紧张，而且当时的建宅风格也多有模仿上海的做法。

每进正脊立有两对鸱吻，似龙头凤尾，皆为修缮后呈现。东西两侧观音兜式封火墙，民间以祈厌胜保佑之用。屋顶硬山造，正间抬梁式和山墙穿斗式混合，正厅五架梁上雕刻着祥云、花卉，立于梁枋之上的瓜柱，下做鹰嘴形，造型简练却独特，亦为明清时期江南民居常用，顶部不做天花用露明，

---

2 丁辉，陈心蓉. 明清嘉兴科举家族姻亲谱系整理与研究[M]. 北京：中国社会科学出版社，2016：116.

3 龚肇智. 嘉兴明清望族疏证[M]. 北京：方志出版社，2011：393.

既通风散热，又可展现屋顶结构之美，上覆望砖和青瓦。据修缮负责人介绍，因漏水严重，老宅屋顶全部翻新，原有瓦、砖因损坏较重，现多为当地新制，青瓦与望砖间另铺水泥，加强防水效果。

一进二进间的月洞门为修缮时在原有形制上改建，如一把纨扇，吸引白纱、绿竹自然入画。

二进正厅前方是鹤胫轩廊，历经岁月的洗礼，它依旧保持着梅湾街最完好的风貌，这实属难得。轩廊的两端装饰着栩栩如生的鹤头，上方是精美的荷包梁。梁、枋、挑檐等木结构上雕刻着人物、花卉等图案，展现了极高的工艺水平。经过修缮，轩廊重新涂上了暗红色的漆，焕然一新，华丽无比。轩廊下，一排方形檐柱与方形础石相搭配，圆形步柱则配以圆形础石。础石的造型简洁而不失精致，方形础石的四角上雕刻着细腻的卷云纹。淡极无痕的云纹在静谧中流动着，舒卷着百余年的沧桑与优雅。

二进三进间的垂花门楼，属老宅中最美的砖雕门楼。顶部有挑檐式建筑，下有斗拱相托，门楣雕有凤戏牡丹，栩栩如生地展现了老宅主人对美好、光明和幸福的祈盼。匾额处原有的四个大字——"吉祥余庆"已不见踪迹，斗框边饰为花卉图案，瓦当和滴水刻有双龙戏珠图。门楼作为地位、财富的代表，雕刻出曾经的辉煌。

沿街门户平时极少打开，当年也只有逢年过节或遇重大喜庆之事，老宅的层层楼门才会次第打开。老宅西侧另有侧门，据嘉城集团修缮负责人介绍，因岁月侵袭，当年仅剩底砖，修缮团队根据测绘推测此处应有砖雕门楼，故依原有风格进行复原。门楼顶部的一对凤凰似要展翅高飞，尤为醒目。

这座老宅建成五年，徐老德便过世了，其时子孙兴旺。四年后，长子徐友卿突然病逝，留六女三男，几年光景，其他几房弟兄也先后去世，家业便开始衰落。徐友卿的姐姐在其夫去世后，便带着孩子从婆家回到徐家居住。梅湾街改造前，徐友卿姐姐的孙子施平奎仍住在老宅里，现已过世。黄国华在其《早年的梅湾街及徐家大宅》一文中提到，施平奎亦记得儿时曾见门楼上供奉不少牌位，有二三十块，只是自懂事起，徐家就已败落。如今，徐家老宅后人已散居各地。抗战后，这座老宅也先后有过不同住户，历经百余年的浮沉，依旧淡然自若。

观音兜式封火墙
来源：沈海涛摄影

一进二进间的月洞门
来源：李慧婷拍摄于 2022 年 1 月 9 日

廊柱、础石
来源：沈海涛摄影

鹤胫轩廊
来源：沈海涛摄影

二、三进间垂花门楼
来源：李慧婷拍摄于 2022 年 1 月 9 日

侧门砖雕门楼
来源：沈海涛摄影

黑白灰处悟参禅

现今，徐家老宅经嘉城集团修缮成为兰庭酒店，在保留原有建筑结构的同时进行了现代化装修，使老宅焕发出新的活力，呈现出今日的风貌。

从西侧砖雕门楼进入酒店，首先映入眼帘的便是前台墙壁上的浙江省金鼎级特色文化主题饭店授牌，足见文化之于酒店的分量。前台背景墙布满酒店主题刻字，"禅""悟""兰""语"尤为凸显。酒店以黑白灰为主调，将超现实主义风格与江南生活气息融合，花窗、轩廊、木柱、石库门，这些历史的精髓在现代艺术空间里既不喧宾夺主，也不黯然神伤，泰然内敛，悠然不可或缺。砖雕门楼与二进正厅间那条似乎不见尽头的暗弄，正是酒店内的迎宾大道，暗淡的光影里晕染了徐家节俭的曾经。据黄国华所书，徐老德经常酩酊归家，但为人极其节俭，家人为其开门，也不许点灯，百米暗弄漆黑一团，只能摸黑上楼；徐老德虽嗜酒，但绝不允许子孙抽鸦片。暗弄左右两侧间隔排列的几十根老宅木柱，仿佛穿越世纪，拥抱着今时的久别重逢，古朴的圆形础石彰显出老宅酒店纯粹的初心。

在酒店大厅，抬头便见中国书法家协会会员章柏年的作品《风雅兰亭》悬挂于石库门之上。这里不断吸引着国内外的知名艺术家前来，如被评为"最杰出十位澳大利亚华人"之首的著名知青画家沈嘉蔚、吴越文化小说代表作家和中国新时期文人画代表人物朱樵、历任中国现代美术设计家协会秘书长的当代画鸡翘楚王元鼎、荣获"瑞典日报文学奖"的诗人李笠、"卧轨的火车"乐队主创和主唱沈帜等都成了兰庭有缘人，真可谓"群贤毕至，少长咸集"。原创艺术作品沉浸式地融入老宅，完成了一场文化、审美、灵魂的洗礼。

谈及因何会将老宅改造成黑白灰式的现代艺术酒店以及酒店名字的来源，酒店董事长杜丛俏女士回忆起十几年前的那个瞬间：偶然的一天，从桥下走过时，她瞥见了老宅的最后一进庭院，院落杂草丛生，红色木柱早已开裂，老木门发出哀怨的声音，那种荒芜的感觉在她心中再也挥之不去。杜董原为五星级酒店的高管，经常在路上的人对居所总怀有执着的憧憬，加之儿时住在附近，曾在江南的冬日里偷偷将廊檐的冰凌摘下来吃，虽被父母责怪，但那份难得的快乐在其心中种下了深深的老宅情结。凭借前卫的审美、专业的视角、浓厚的情怀，她将老宅改造成了拥有江南风骨、回归本质的中国人自己的宅院式酒店——"兰庭"：曲径通幽处，如兰花静默绽放；庭院深深里，似斑驳历史，跳动、回转。

室内石库门
来源：沈海涛摄影

二楼长廊
来源：沈海涛摄影

花窗
来源：沈海涛摄影

"推门入景的含笑及丹桂扑鼻而香……脚步控制不住地迈向这江南独有的院落……砖瓦灰墙，一杯桂花茶递过，一块桂花糕甜过，一晚儿时梦忆过，一夜人文情醉过。兰庭好，风景似曾谙。"房门墙的诗甚是应景，一窗一柱，一词一曲，梅花香处忆江南，橹声咿呀，枕水而眠，推窗闻雨，在屋瓦廊柱间，哲思与参悟，无形却有声。

如今的老宅重新被赋予了活力和使命，不禁让人由衷诉说，认识你真好！历尽沧桑的目光，一直在守望，不远不近。

诒 谷 堂

穆湖莲叶小于钱，卧柳虽多不碍船。

两岸新苗才过雨，夕阳沟水响溪田。

三百多年前，清朝诗人朱彝尊曾在《鸳鸯湖棹歌》组诗中歌咏嘉兴古城南门风光，水道纵横，莲叶初露，卧柳扶风，禾苗吐绿，船次栉比交错，行停于临水民居的码头集市。岸上装卸货物，商旅往返，巷道通幽，勾勒出水乡熙攘的烟火气。而今，"寻馋鸳水，问画舫酒馔；怀梦梅湾，看旧家庖厨"，诒谷堂正门的这副对联无疑再次唤起人们对那纯粹水乡气息的怀念与向往。

"奕世相传蘋藻在，文垂片石望中看"，诒谷堂承载了人们对美好传承的千年祈愿。"诒谷"两字蕴含着深刻的内涵和历史渊源，《诗经·鲁颂·有駜》中就有"自今以始，岁其有。君子有穀，诒孙子。于胥乐兮"的诗句。"诒"即为赠与，"穀"兼含福善之意，饱含着将福泽传之子孙的期待。明代诗人佘翔有诗《题诒谷堂·其一》："名家旧出紫云溪，卜筑金陵汉水西。不比乌衣王谢宅，堂开贻谷燕长栖。"这首诗道出了百姓期望子孙福善绵长的美好愿景，如同那镌刻于木、石的瑞兽芳华、歌赋名典，无不祈愿家族昌盛，代代传承。

据说，在当时灾荒年间，徐家的这座宅院被用作捐赠粮食和赠送衣物的地方，正合了"诒谷"之名。承载着父祖的遗荫和"耕读传家"的家训，遍布于全国各地的诒谷（穀）堂多具有祠堂的功用。仅浙江地区就有嘉兴海宁盐官陈学昭故居诒穀堂、萧山郎氏诒谷堂、绍兴倪氏诒谷堂、金华义亭镇怡谷堂和浦江县诒穀堂等，均为历史建筑。

古朴亦作现代风

诒谷堂自 2002 年开始经历第一次保护性修缮。据承担重建工作的施工方介绍，由于诒谷堂历经岁月变迁，几易其主，当时屋内曾有多户共同居住，自行建造了墙壁，将厅堂分隔成多个小间。因此，重建团队首先进行工程测绘，以复现建筑原有的外部面貌和内部结构，随后拆除了近代入住居民所搭建的墙壁，恢复了原有的建筑格局。当时，诒谷堂临湖的第三进布局已经失去了原有形制，建造工艺与前两进存在较大差距。为了使街区下岸南侧民居东西向之间能够沿湖通行，对其进行改造。临湖处开辟了一条东西贯通的轩廊，并建造了"吴王靠"供游人观景休憩。

2012 年起，诒谷堂经历第二次改建，旧宅作新用，呈现出如今面貌。正门外立面极具现代风格的方砖斜铺上墙，石库门框外又另增两副简约门框，奇特的造型常使游客诧异，正厅西面宽阔的楼梯也不似旧时敞厅形制。探访得知，诒谷堂当时的经营者曾聘请西班牙设计师对其进行改建设计，装修风格受到这位西方设计师的影响。风格虽与街区"粉墙黛瓦"的整体风格有所不同,但灰色墙砖与斑驳的墙面倒也相应,朴质而雅素。

修缮后的诒谷堂重写正门匾额,醒目的绿漆对联则彰显着这座百年建筑传承美食与情怀的新功用,成为游客怀古、清心、就餐、赏味的佳处。

"三水归堂"承绮愿

现今的诒谷堂占地600多平方米,三进三落,前二进为两层楼,临湖第三进仅一层,不似主宅,未见传统的观音兜式封火墙。大屋纵轴线与河流垂直,整体为砖木结构,屋顶不吊天花,采用彻上露明造,格局雍容大气。

宅落的石库正门开在宅屋中轴线上,东西立面沿梅苑巷和梅湾街一弄各辟有两座石库旁门。旧制正门为双扇(旧称"门"),旁门为单扇(旧称"户")。复原至今,旁门形制已有变化。

诒谷堂经由旁门可进背弄,像背脊一样连接各个厅堂和天井,直通河埠。旧时背弄兼具交通、通风、防火功能,多为妇女、佣人通行之便;主人和宾客则由大门、正门通行[4]。如今东背弄连通正厅经各包厢达临湖轩廊,西背弄则经历改建由后厨通至百梅轩包厢(由第二进天井及轩廊合制改建而成)。

诒谷堂建有双坡顶,进正门后即天井,东、西、南三面屋顶均斜向院内,雨水可沿坡面汇聚流入天井中,形成"三水归堂"(江浙又称"三间两搭厢")形制,寓意聚气凝财,水聚天心。晨昏四季,天地人和,人与天地间的对话便在这方宅院中声声落地。天井同时也能解决第一进一楼敞厅[5]的采光需求,光线充足明亮,也便于通风换气。

由天井进敞厅之前,抬头便见檐柱下一对留存完好的牛腿构件,雕刻的如意云纹托起植物花卉。虽不似"百工牛腿"般精雕细琢,但对照同时期留存较好的徐氏五房旧宅牛腿来看,倒也符合浙北民居的屋饰形貌。

进入敞厅,顶部木雕留存完好,菊枝伸展,云纹起伏,颇具美感。继续沿厅堂中轴线前行,第二进的雕花鹤胫轩廊是典型的传统结构做法,同主宅一样,其木雕之精美,留存之完备为整个梅湾街民居之最,也是诒谷堂木雕装饰的集大成者。

---

4 丁俊清,杨新平. 浙江民居 [M]. 北京:中国建筑工业出版社,2009:133.

5 浙北民居采用堂室之制,厅堂都是敞开的,大的住宅为"厅",称"敞厅"。丁俊清,杨新平. 浙江民居 [M]. 北京:中国建筑工业出版社,2009:257.

诒谷堂正门和敞厅楼梯
来源：沈海涛摄影

一进东门　　　　　　一进西门　　　　　　二进东门　　　　　　二进西门
来源：二进东门由沈海涛摄影，其余由宁云靖拍摄于 2022 年 5 月 15 日

东背弄　　　　　　　　　　　　　　　西背弄
来源：沈海涛摄影　　　　　　　　　　来源：宁云靖拍摄于 2022 年 5 月 15 日

居住建筑

徐氏五房旧宅牛腿旧图
来源：嘉城集团于 2003 年拍摄

诒谷堂敞厅檐柱下牛腿
来源：宁云靖拍摄于 2022 年 5 月 15 日

二进鹤胫轩廊
来源：左图为嘉城集团于 2003 年拍摄，右图为宁云靖拍摄于 2022 年 5 月 26 日

  诒谷堂内的主要交通"动线"与房屋轴线完美重合，主人和宾客由大门、正门进入敞厅，这些精美的木作装饰无一不展现了宅主的审美品位和雄厚财力。作为地位与文化的象征，砖雕门楼自然成为大宅的装饰重点。诒谷堂在正门和第二进仪门内侧（北立面）分别建有两座砖雕门楼。外立面采用朴素的石库门，展现了浙北民居低调内敛的特色。遗憾的是，初次修缮时门楼已经严重损毁，现今仅剩的砖石基座依稀能够看出门楼的规制。目前看到的两座门楼是根据砖石残片结合清末制式重建而成，外观延续了大气、厚实、朴素和稳重的特点，但似乎并非采用了浙北民居常用的"水磨青砖"材质。传统的砖雕工艺集圆雕、透雕、浮雕、线雕于一身，凸显强烈的空间感和层次感，融合中国绘画中线条的行云流水，吸纳中国黑、白、灰的表现手法，散点透视方法，以及平远、高远和深远的构图技巧[6]。虽然重建的诒谷堂砖雕门楼在

---

  6 张新克. 浙北水乡古镇民居建筑文化 [M]. 北京：中国建筑工业出版社，2016：113.

工艺上并未使用透雕,但依然展现了传统建筑艺术的精髓之处。

正门内侧的砖雕门楼由脊、檐、枋、兜肚和"荷莲柱"式垂花柱五大部分组成。与其他民居传统遗存相比,枋处的雕刻装饰更为简洁,仅在两侧刻有云样浮雕,中枋则由匾额和兜肚构成。匾额"居安资深"作为门楼的核心部分,体现了宅主的思想和愿望;左兜肚上刻有松、鹿,寓意"松鹿同春",右兜肚上雕刻有松、鹤,寓意"松鹤延年",栩栩如生。仪门内侧的雕砖门楼与正门处的形制相似,唯垂莲花柱和枋细处略有不同。中枋上刻有"厚德载福"匾额,左右兜肚上均刻有凤戏牡丹,寓意着富贵吉祥和幸福光明。

除了砖雕门楼,诒谷堂的长窗和花窗也随着历史流转焕发出新的生机。在2003年修缮时,诒谷堂原有的木质长窗、花窗、木门因雨水侵蚀大多腐烂,破败不堪。为此,修缮团队在厅堂檐柱之间按照清末浙北的旧例统一定制了窗式木门和雕花木窗,将万字纹长窗和花窗恢复原状。长窗的格扇心屉采用了万字纹,寓意吉祥万福;绦环板和裙板上则采用梅、兰、菊组图,寓意高洁风骨。

诒谷堂正门内侧
来源:沈海涛摄影

二进仪门砖雕门楼
来源:宁云靖拍摄于2022年4月30日

诒谷堂旁门、长窗、花窗、敞厅东厢房长窗
来源:花窗由沈海涛摄影,其余由宁云靖拍摄于2022年5月15日

沿敞厅楼梯拾级而上，来到第二层楼，厅堂中大木架构的大气之美令人赞叹不已。这种木架构作为房屋的骨架承担着整个建筑的重量，主要由立柱、横梁、顺檩等关键构件构成。构件之间通过精巧的榫卯结构相互连接，墙体则用砖、石、泥等材料填充，既起到围护作用，也用于空间的分隔。木架构的样式不拘一格，厅堂主体为抬梁式架构，柱上架梁，梁上重叠瓜柱和次梁，形成了层层递进的视觉效果；东西面山墙则为穿斗式，柱子直接承重，以一界一柱的方式，既节省了木材，又增强了房屋尽端结构的稳定性。这种设计不仅展现了建筑的美学，还体现了古代工匠对力学原理的深刻理解和应用。

正是这种合理又相对灵活的木架结构支撑，使这座百年老宅在修缮前一直屹立不倒。外立面的脊饰更显出工匠技艺的精湛。从诒谷堂的东西立面望去，一进深屋脊两端保存完好的一对云头如意格外引人注目。纹样左右对称分布，下四层的云纹纹样线条以螺旋式向上卷曲，从底部到顶部逐渐变为尖状，在第五层汇聚，高耸入云，造型饱满、浑厚，承载着平息火灾与镇压灾难的美好寓意。经过复原后，这一特征变成了两层云纹火焰垛。

由于第二进屋脊两端的装饰仅剩立柱，修缮时保留了其原有形态。到达第三进临湖处，则新建起了马头墙（一种封火墙）。这种设计源于旧时密集房屋群落的防火和防风需求，可以在相邻民居发生火灾时起到隔断火源的作用。双层马头墙对称叠置，营造出一种错落有致的动态美感。

屋脊两侧的云雷纹样砖雕造型饱满，呈现出对称性，其厚度与大块青砖相似，象征着如意高升、无穷无尽、福寿绵长的美好寓意。然而，仔细对比发现，正门砖雕门楼的脊线被截断成两段，东段两端为云雷纹，西段则呈现出类似龙吻的形态；二进屋脊端的纹样虽然残缺，但明显不同于前两种纹饰，具有值得进一步发掘的独特之处。

第二进二楼厅堂和第一进厅堂及东山墙
来源：宁云靖拍摄于 2022 年 5 月 21 日

云头如意
来源：嘉城集团于 2003 年拍摄

火焰垛
来源：沈海涛摄影

马头墙
来源：沈海涛摄影

居住建筑

屋脊两侧云雷纹样
来源：沈海涛摄影

屋脊两侧其他纹样
来源：沈海涛摄影

湖心岛上话桑麻

环顾徐诒谷堂，南面与一座小岛隔水相望。徐家曾在这小岛上种植桑树、果树和蔬菜，不仅用于养蚕，也供自家食用。岛上还特备了小船，方便登岛。如今，岛上铺设了鹅卵石，柳树婆娑，一座"澄海桥"将小岛与岸边连接起来，成为游客游玩赏景的好去处。人们常在"吴王靠"上垂钓、养神，独乐乐已变为众乐乐。

时至今日，徐家大宅中仍有三座旧宅得以保留，其中两座旧宅已被列为嘉兴市区历史建筑。然而，徐家的后人大多已迁往他处，除了从五房后人的文章中可以略知一二外，其他历史细节已难以追寻。徐诒谷堂改建前的古老长窗、木门虽已消失在历史的长河中，但从现存的建筑中，依然可以隐约感受到徐家诒谷堂昔日的辉煌与繁荣。

这座百年民居经历了战火和岁月的洗礼，传承至今，已被赋予新的用途。它不仅为后人提供了了解和研究浙北民居建造技艺精髓、工匠因地制宜智慧以及历史建筑生命力的宝贵资料，更成为连接过去与现在的桥梁，使人们得以一窥历史的深沉与文化的厚重。

南湖路小洋楼
——嘉兴名士陈氏家族的风雨百年

章 蓉　丁智萍

小洋楼外景
来源：付辉古摄影

建筑名称　南湖路小洋楼
地　　址　嘉兴市南湖区南湖街道南湖路
建设时间　1930 年前后
设 计 师　不详
面　　积　103.08 平方米（仅房屋）
发展演变　陈孟恢创办"新兴蚕种场"，小洋楼为养蚕育种所用；
　　　　　1949 年后，陈氏宅院分给多户人家居住，小洋楼成为陈蕴玉居所；
　　　　　2010 年，南湖路小洋楼被公布为嘉兴市区第一批历史建筑；
　　　　　现为 Oot Tea & Cafe（南湖天地店）。

风景秀丽的南湖畔,静静地伫立着一幢颇有些年代感的小洋楼。院落清幽,周围树木林立,墙面上绿色的爬山虎显示出勃勃生机,常常引得行人驻足观望。很长一段时间,建筑周边都没有明显的文字说明,既没有正式的名字,在地图上也难以寻到它的踪迹。不禁令人好奇,小洋楼的主人是谁?小洋楼曾有着怎样的过往和故事?可即使问了路过的本地老人,也鲜有人能回答一二。经过多方探访,团队找到了嘉兴名士陈孟恢的后人,掀开了小洋楼神秘面纱的一角。

嘉兴历史建筑,身世扑朔迷离

南湖路的这幢小洋楼是嘉兴市的历史建筑,具有较高的保存价值。南湖路,在历史上称为"盐仓街",几易其名,也曾叫"湖滨路",现在更名为"南湖路"。小洋楼曾经的门牌号是盐仓街27号。

小洋楼建筑为砖混结构,坐北朝南,独栋三开间三层楼,拱形门窗,四周有围墙。建筑经整修,质量良好,基本保留了原貌。从砖色来看,基本为青黛色砖瓦,点缀了一些红砖,建于1930年前后。由于周边经过整体拆迁已经没有居民居住,要探访小洋楼的前世今生并不是一件容易的事情。

经过实地探访和文献检索得知,小洋楼为嘉兴名士陈孟恢所有,陈孟恢去世后其后人一直居住在此直至后来南湖景区整体搬迁。不过在实际考察中发现小洋楼时常与"穆家洋房"相提并论,这为小洋楼增添了几分神秘色彩。

穆家洋房在嘉兴知名度较高,原主人是上海富商穆湘瑶。有一种流传较广的观点认为小洋楼为穆湘瑶所建。穆家洋房的屋后铭牌上有如下文字:"穆家洋房主人穆湘瑶,字恕再。20世纪20年代,穆氏为沪上有名官绅。1929年来嘉兴,在盐仓街南湖畔造一别墅。后于今址又建造了这栋华屋,居临濠水,咫尺鸳湖。"

根据这块铭牌的记述,穆家曾先在盐仓街建有别墅,而盐仓街最知名的洋楼莫过于南湖路的这幢小洋楼。因此似乎可以印证小洋楼的原主人亦是穆湘瑶。可是如果真如铭文所述,穆家在风景秀丽的南湖畔建造别墅后,为何又在环城东路508号另建洋房?"先造"的小洋楼为何为陈家所有?

传闻中亦给出了解释,因为穆家女主人居盐仓街时身体欠佳,穆湘瑶便将小洋楼卖给了陈家,自己则另造穆家洋房居住。这种说法的主要依据是小洋楼和穆家洋房距离较近,建筑风格也较为相似。不过,对这一说法的质疑

小洋楼外景
来源：付辉古摄影

小洋楼正面外景
来源：付辉古摄影

已改为茶室的小洋楼
来源：付辉古摄影

之声一直存在。最直接有力的反驳来自陈氏后人,他们表示从未听过小洋楼从穆家购得这样的说法,认为该楼是陈孟恢留日考察归来后所建,和穆家并无瓜葛。

嘉兴名士陈孟恢,小洋楼真正的主人

对于南湖路小洋楼的身世,陈孟恢老先生的亲孙——现嘉兴市二十一世纪外国语学校校长陈家玮先生,曾经专门撰文进行了澄清。他表示,建筑并不能因年代相近,风格有些相似就证明是同一个主人。经过和陈家玮的交流对谈,陈孟恢的形象以及小洋楼的全貌逐渐清晰地展现出来。

陈家玮指出,认为两处洋房为同一主人的人,只是看到了现在的样子,却忽略了二者的历史。"穆家洋房是单一的洋楼建筑,现在的模样,也就是当年建造时的模样。陈家洋楼在当年可不是现在这个样子。"他拿出其父陈起濂(陈孟恢长子)老先生当年手绘的盐仓街27号平面图,并表示:"在南湖边民舍整体拆迁之前,陈家老宅的主体建筑是完完全全的江南水乡白墙黑瓦式的传统四合院,现存的三层小洋楼只是插在这四合院中间的一个'外来物'。这样一种特异的建筑组合,在民国初期,既不是一般人能够想得出来,也不是一般人敢于尝试去做的。"

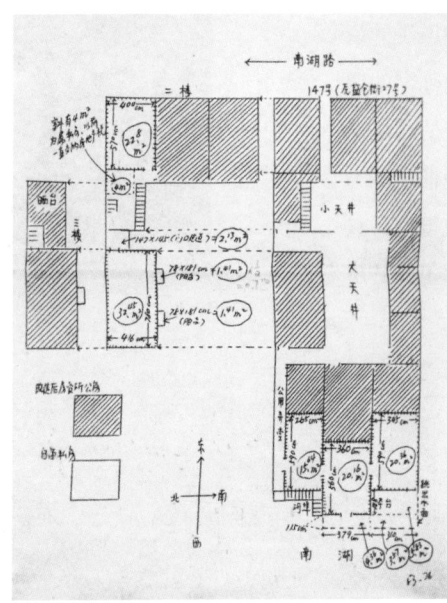

陈起濂手绘的居所布局图
来源:陈家玮提供

陈孟恢,嘉兴油车港人,是清末旧式教育体制下出来的读书人,曾就读于晚清政府所办的师范学堂。还曾留学日本东京帝国大学(现东京大学),学的还是动物学。据陈家玮回忆,他小时候家里有很多磨得薄薄的圆玻璃片,一叠一叠的,当时不懂拿来玩,后来才知道这是用于实验观察的显微镜的盖玻片和载玻片。当年家里还有很多英文和日文的书籍,后在"文革"期间被毁,很多颇具历史价值和学术价值的物品就此永远地消失在了历史长河中。

陈孟恢留日回国后，先后在浙江省立第二中学（嘉兴市第一中学前身）、上海法科大学等校任教，和黄炎培、沈钧儒等名士皆有交流，家中亦有不少名人雅士赠送其的字画、印章、紫砂壶等。后来陈孟恢提倡"实业救国"，成立"和记公司"，成为一名企业家。他创办"新兴蚕种场"，场址就在南湖边的盐仓街自己家中，以小洋楼为主要生产场所，有数十亩桑园，有完整的设施和专用的蚕室，生产出的杂交蚕种以"仙鹤牌"为商标，深受蚕农的欢迎……

陈家玮通过对祖父经历的分析，坚定了小洋楼即为陈孟恢所建的想法。正是陈孟恢当时与众不同的求学经历和不走寻常路的精神，说明他为何会在一个传统四合院中插入一幢西式洋楼，"祖父一辈子传统和维新意识交织并行的人生履历造就了小洋楼，也只有我的祖父陈孟恢，能够想得出，也能够做得出这件标新立异的事情来……"

团队经过实地走访，认为小洋楼和穆家洋房的外观风格实际有较大不同，认为据此断定二者"建筑风格相似"的说法有些牵强，更难判定二者出自同一主人。小洋楼为上海富商穆湘瑶所建，后转卖给陈孟恢家族的说法，在更大程度上属于一种传闻，能佐证这种说法的依据不充分。由于小洋楼周边原本均为陈家的四合院，因此小洋楼的创建者为陈孟恢的说法更符合实际情况。无论真正的建造者是谁，最为重要的是，小洋楼因嘉兴名士陈孟恢得以在嘉兴蚕桑发展史上留下重要的一笔，这正是其历史价值和文化价值所在。

陈孟恢与其次子
来源：陈家玮

陈家大院和小洋楼轶事

陈蕴玉
来源：陈家玮提供

陈孟恢一生娶了两房太太，大太太一房共生六个女儿，存二女儿和四女儿。二房太太则育有三子，陈家玮是陈孟恢的长孙亦是唯一孙儿。

由于二房太太比陈孟恢小很多岁，子女年纪也较小，一直在陈孟恢身边协助他经营蚕种场的是四女儿陈蕴玉。陈家的蚕种场遭日军焚毁后，父女俩历经艰辛恢复生产，但已难以再现昔日辉煌。根据陈起濂的笔记，陈孟恢身心俱疲，于1942年冬去世，此后蚕种场主要由四女儿陈蕴玉经营。据介绍，陈蕴玉后来基本都居住在小洋楼的二楼，成为小洋楼的新一任也是最后一任主人。

陈孟恢去世后，蚕种场和维持家庭生计的重担皆落在了陈蕴玉身上。1948年，陈蕴玉和一位大学教授结婚，三年后其丈夫病故。中华人民共和国成立后，公私合营，"新兴蚕种场"并入了"王店蚕种场"，陈蕴玉便以技术员的身份在"王店蚕种场"工作一直到退休。1998年，陈蕴玉病故，享年93岁。

1992年，南湖周边区域划分为风景区，曾经在小洋楼度过大半辈子的陈蕴玉搬离此地，小洋楼成为南湖景区唯一留存的民居楼。

虽然由于城区改造等原因，小洋楼附近的四合院都已拆除，但根据陈起濂老先生绘制的手工图纸，以及后人的一些回忆，大致还原出当年的布局如下：三层三开间的小洋楼坐北朝南；东面临南湖路的三间两层楼房，20世纪50年代后店面出租，设有米店、煤球店；西面近南湖岸边是三间平房，两侧两间厢房是卧室，中间堂屋是起居间，取名"憩亭"，制匾悬挂其中。靠湖一侧建有露台，露台一半挑出湖中，坐在露台上或堂屋里，可以尽赏南湖美景；南面是一排小平房，为厨房间及杂物间；中间自然围成一天井。

南湖路小洋楼承载了陈家玮的诸多儿时回忆。他的奶奶是位吃素念佛的老太太，曾救过在湖中翻船的罱河泥之人……他自幼听着湖中各种过往船只的声音长大，其中包括发出"嘭嘭嘭"声音的机船，他对湖水有着天然的亲近感，感慨着说要"生于湖边，终于湖边"。

说起洋楼四周的房子，他回忆道，当时听长辈们说过，在抗战期间曾出租过。1949年后，陈家大院加上小洋楼，曾住过9户人家。

他还记得小时候去姑姑的洋楼玩，因为孩子多也比较闹，他发现姑姑会把好吃的零食藏到地板下面的隔

陈孟恢二房太太叶菊贞与儿媳孙辈在露台，右一为幼年陈家玮
来源：陈家玮提供

层中。此外，陈家玮过继给姑姑陈蕴玉的三姐也提供了重要信息，洋楼墙壁上有内嵌的壁洞，造型有些奇特，"口子是正方形，洞顶向下倾斜到底线，左右两个侧面呈三角形"。她还特地问过陈蕴玉这壁洞的缘由，得知是"养蚕育种时存放干燥剂（生石灰）用的"。为印证地板和壁洞，团队进入洋楼进行勘探，不过因为内部整修过，这些痕迹现已难觅。不过可以看出，洋楼内部较为狭小，并不适合大家族居住，因此洋楼或许最初就是为了养蚕育种而建。

南湖天地——老建筑焕发新生机

如今，南湖路小洋楼已被纳入新建的南湖天地景区内。过去，平日里大门紧闭，游客只能驻足墙外欣赏老建筑之美，透过雕花的小窗向内张望，探寻小楼昔日的风采。2022年10月22日，团队再访小洋楼时，发现已经挂上了"嘉兴市历史建筑南湖路小洋楼"的铜牌，扫描其上的二维码，可查看该建筑的简单介绍。

此后，南湖路小洋楼经过重新装修，已成为以"新中式茶饮"为主题的茶/咖啡店"Oot Tea & Cafe"。游客们终于可以大大方方来到这个院落，甚

雕花小窗
来源：付辉古摄影

小洋楼二楼窗外南湖景色
来源：付辉古摄影

至可以登上小楼观看南湖胜景。惬意午后，三两知己，一汪湖水，一杯茶饮，俯仰百年，人生快事。

　　了解一座城市，在欣赏其独特美景与美食之余，曾经的人文历史故事更能令人有所感悟、触动心底之弦。南湖路小洋楼经历百年风雨，承载了当年嘉兴名士陈孟恢不走寻常路、实业救国的诸多梦想，也在嘉兴蚕桑史上留下了重要一笔。如今，嘉兴绢纺厂等老建筑伴随着南湖天地的开业焕发了新的活力，南湖路小洋楼也得到了保护性开发的机遇。沧桑百年，期盼嘉兴的老建筑们能够更加焕发出勃勃生机。

生产建筑

生产建筑，是指人们为从事生产、加工、仓储、运输等活动而建造的建筑物，可分为工业生产建筑和农业生产建筑。在嘉兴这片富饶而充满生机的土地上，生产类历史建筑，如同一座座时光的雕塑，记录着这座城市工业发展的足迹和辉煌历程。这些建筑不仅承载着嘉兴的工业记忆，更是这座城市文化和精神的重要组成部分。

工业发展史的珍贵篇章

嘉兴市区生产类历史建筑共计 16 处，它们在不同的年份被公布为历史建筑，每一处都是嘉兴工业发展史上的珍贵篇章。第一批（2010 年）公布的 1 处，第二批（2018 年）公布的 7 处，第三批（2019 年）公布的 2 处，第四批（2020 年）公布的 5 处，以及第五批（2022 年）公布的 1 处，这些建筑如同一颗颗珍珠，串起嘉兴工业发展的脉络。

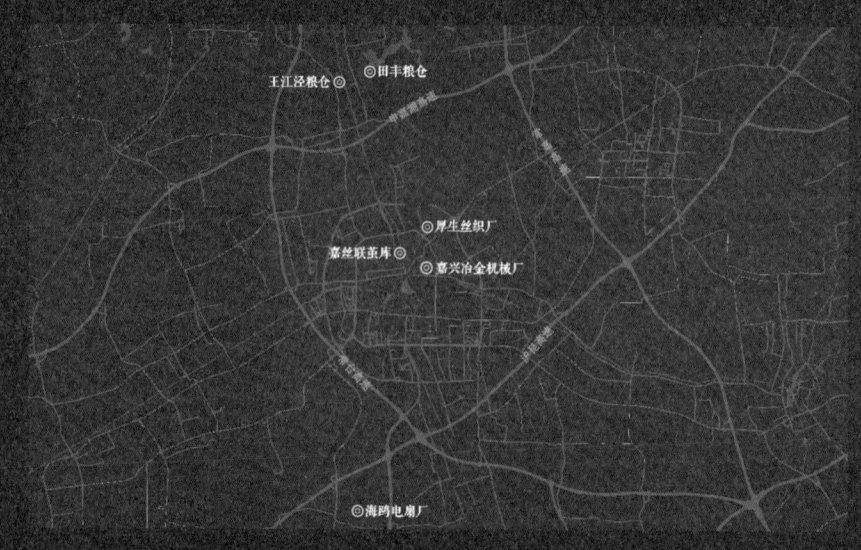

生产建筑示意图（本图为位置示意，与实际尺寸不符）

嘉兴素有"鱼米之乡、丝绸之府"的美誉,在这些生产建筑类的历史建筑中,我们可以看到体现嘉兴"稻米文化""桑蚕文化"特色的粮仓、茧库、丝织厂等建筑。这些建筑,不仅见证了嘉兴农业和丝绸业的繁荣,更是嘉兴人民勤劳智慧的象征。

工业文明的繁荣象征

走进这些粮仓、茧库,仿佛可以感受到稻谷的芬芳和蚕茧的柔软。高耸的粮仓,见证了嘉兴稻米丰收的喜悦;宽敞的茧库,记录了嘉兴丝绸业的辉煌。它们如同一幅幅生动的画卷,展现了嘉兴农业和丝绸业的繁荣景象。

与此同时,嘉兴冶金机械厂作为江南少见的重工业生产基地,在嘉兴的近代历史上留下了浓墨重彩的一笔。这座工厂,不仅代表了嘉兴工业的崛起,更是嘉兴人民勇于创新、敢于拼搏的精神写照。

嘉兴的这些生产类历史建筑,不仅是这座城市工业文明的见证者,还是这座城市历史文化的传承者。它们不但承载着嘉兴的过去,而且昭示着嘉兴的未来。让我们走近这些建筑,感受嘉兴工业的辉煌,领略嘉兴文化的深厚。

INDUSTRIAL BUILDINGS

田丰粮仓
——荷花盛开的地方

章 蓉 李立贵

田丰粮仓外观与莲花池
来源：郑宏斌摄影

建筑名称　田丰粮仓
地　　址　嘉兴市秀洲区王江泾镇长虹村
建设时间　20世纪50—70年代
设 计 师　不详
面　　积　不详
发展演变　早期为陶氏庄园；
　　　　　20世纪五六十年代，建荷花粮库；
　　　　　2002年，粮站改制，出租给民营企业创办嘉兴市田丰工艺植绒有限公司，后收归国有，遭遇火灾；
　　　　　2019年后，改造为现在模样；
　　　　　2020年，田丰粮仓被公布为嘉兴市区第四批历史建筑。

田丰粮仓，作为远近闻名的网红打卡地，坐落于风景如画的嘉兴市王江泾镇荷花社区长虹村（原田丰村）。远远望去，一字排开的平房气势恢宏，居中雕刻着稻穗图案的建筑，宛如一座丰碑，又如熊熊燃烧的火炬，彰显着农业文明的辉煌。在一片广阔平坦的原野上，映衬着蓝天与白云，红砖与绿水相映成趣，构成了一幅令人难忘的风景画。这座建筑本身就是这片土地上一道亮丽的风景线，让人印象深刻，难以忘怀。

与荷花的不解之缘

　　田丰粮仓，曾用名为"荷花粮库"。王江泾镇以其繁盛的荷塘闻名遐迩，至今粮仓前依旧有一池碧水，夏日荷花盛开，婀娜多姿，散发出阵阵清新的莲香。可以想象，当年的荷花粮库便是依傍着这片荷塘而建，与自然和谐共生。经过改造，粮仓的内部地板上，荷花图案以大朵大朵的形式呈现，不仅充满了灵气，更蕴含着美的力量。如今的田丰粮仓，也被称为"运河陶仓理想村"，于2020年被公布为嘉兴市区第四批历史建筑。

　　田丰粮仓为拱形粮仓，颇具改革开放前后国营粮库的时代特点，是王江泾现代重要史迹及代表性建筑，具有较高的历史价值。20世纪五六十年代，正逢苏式建筑在中国遍地开花之际，生产队、供销社、养猪场都采取仿苏式建筑风格，且在门梁上方镌一红五星[1]。如今留下来的田丰粮仓，红五星虽然已不见踪迹，却依然可见苏式建筑风格的延续。

　　在被称作"荷花粮库"的时代，田丰粮仓的建筑面积要比现在大不少。据嘉兴市政协文史特邀员陈钰麒先生的手稿《天下粮仓》所述，粮库原本有三处建筑，其中一座建于20世纪50年代后期（曾多经翻建），为八五青砖砌墙十二开间，建有人字形木屋架、木横梁，盖青平瓦；另外两座建于20世纪70年代初期，分别为十三开间和十二开间，建有钢筋水泥人字形屋架，盖青平瓦，红砖砌墙。粮库北临铁店港，建有缴粮停船码头。

　　2002年，因粮站改制，粮仓不再承担传统储粮功能，曾经出租给民营企业创办嘉兴市田丰工艺植绒有限公司。后又收归国有，但在闲置期间不幸遭遇大火，偌大的粮仓被烧得焦黑。不过，命运多舛的田丰粮仓并未就此颓败，2019年，经过精心改造与整修，它以全新的面貌和气度重现于世人面前。

---

[1] 赵柏田. 一部江南史，半部入禾城[EB/OL].（2021-06-07）. https://mp.weixin.qq.com/s/FjMGwgt664Ge7tN97UvY9A.

颇具视觉震撼的粮仓一隅
来源：郑宏斌摄影

网红打卡地——运河陶仓理想村

　　田丰粮仓位于地理位置优越的王江泾，此地不仅拥有丰富的文化旅游资源，更因其独特的区位优势而备受瞩目。王江泾镇与江苏省接壤，距离上海仅 90 分钟车程，交通便利，方便游客出行。同时，田丰粮仓紧邻京杭大运河，这条古老的运河见证了中国悠久的历史与文化。不仅如此，粮仓附近还有被列为全国文物保护单位的长虹桥，以及非物质文化遗产莲泗荡的"网船会"，这些旅游资源为游客提供了深入了解和体验当地文化的机会。

　　得益于得天独厚的资源和当地政府的积极倡导，田丰粮仓吸引了众多文旅公司的目光。参与开发田丰粮仓的"乡伴"文旅公司便是其中之一。公司负责人甄小龙先生表示，他们已经成功推出多个"理想村"项目，这些项目以艺术、民俗、手工业和展览等多元化元素作为设计理念。在与共创合作伙伴的精心设计下，"乡伴"文旅公司在旧粮仓的基础上，打造了一座名为"陶仓艺术中心"的现代艺术殿堂。艺术中心分为东西两仓，共有三层空间。西仓被设计为商业展厅，东仓则被打造成艺术展厅，二者通过一条优雅的连廊紧密相连，形成了一个和谐统一的整体。这样的设计既保留了粮仓的历史韵味，又赋予了它新的文化内涵和艺术气息。"陶仓艺术中心"成为一个集展览、交流、体验于一体的文化新地标，为游客提供了深入了解当地文化和艺术的平台，同时也为当地文旅产业的发展注入了新的活力。

作为艺术中心的重要组成部分，连廊不仅为粮仓展厅提供了向外延展的商业与社交空间，更以其独特的设计成为一处引人注目的亮点。山墙上精心设置的稻穗图案，既象征着粮仓的辉煌历史和嘉禾地区的文化传承，又在视觉上给人带来强烈冲击，激发了人们对美好生活的无限遐想。在改造过程中，设计者特别保留了建筑物外墙的红砖，并在加建部分采用了同样的材质，既保持了整体风格的统一，又形成了鲜明的特色。天气晴朗时，万里碧空一望无垠，明亮的蓝天映衬着鲜艳的红砖墙，宛若烈火熊熊燃烧的外观，为游客带来强烈的视觉冲击与美的享受。

田丰粮仓以其独特的设计和丰富的文化内涵，成为备受瞩目的网红打卡地。这里的走廊由多重拱形构成，曲折而富有延展性，螺旋形的扶梯以几何美展现出动态的美感。空旷的空间中，光影交错，营造出梦幻的氛围，为游客提供了一个充满艺术气息的场所。

然而，田丰粮仓的魅力远不止于其外表的高颜值，实际上，其功能更为丰富多元。陶仓艺术中心的展厅定期举办各类展览，为艺术爱好者提供了展示和交流的平台。除此之外，这里还集合了民宿、咖啡轻食、青年公寓、个人工作室等多功能空间，为年轻群体构筑了一个充满活力和创意的理想村。

在这里，游客可以获得丰富的体验，品味一杯香浓的咖啡，享受一段宁静的民宿时光，参加一场创意工作坊，或在个人工作室中沉浸创作。田丰粮仓以其独特的魅力，吸引了来自各地的年轻人，成为一个充满活力、富有创意和文化氛围浓郁的聚集地。

田丰粮仓的回廊
来源：郑宏斌摄影

内部螺旋式的楼梯
来源：郑宏斌摄影

田丰粮仓侧面外观
来源：郑宏斌摄影

粮仓建筑的光与影
来源：郑宏斌摄影

陶仓之名 —— 王江泾陶家

除了其引人注目的外观设计和"理想村"所激发的无限遐想，田丰粮仓最为人称道的，是它所蕴含的深厚人文气息。这种气息不仅体现在建筑本身，更渗透在每一个角落、每一个细节之中。在这里，不得不提及"运河陶仓理想村"中"陶仓"的由来。王江泾古时别称"闻川"，为明清时嘉兴府秀水县四大镇（王江泾、新塍、陡门、濮院）之一。闻川素有读书治学和习文重教的优良传统，据史料不完全记载，闻川考中进士的达近百人。陶家则是其中的佼佼者，近代更是有"南张[2]北陶"的说法。

旧时的王江泾镇上无人不知陶家，这个古老的家族自宋代迁居此地后，便一直誉满江浙，是当地的大户。据《嘉兴市志》记载，"王江泾附近甸上村陶氏有田万余亩，建庄园一处，有屋5048间，至20世纪30年代，子孙数十房尚分享遗田2000亩"[3]。20世纪四五十年代，陶家门第没落，曾经的"陶氏庄园"收归国有，被改建为粮仓，由当地粮站使用。

作为名门望族之一的嘉兴陶氏先祖也可在官方材料中找到踪迹。《嘉兴市志》中有如下记录，陶氏原籍浔阳（今江西九江）。南宋建炎初，陶观随宋高宗南渡，奉命屯戍秀州抵御金兵，遂家于嘉兴城北泾桥，世代任武职。传至陶菊隐，时值南宋德祐元年（1275）元兵南侵，菊隐奉诏勤王起兵抗元，兵败家毁。宋亡后，义不臣元，遂隐居于王江泾之雁湖[4]。

陶观为汴梁有名的富豪，这和陆明《王江泾杂记》中记载的陶家祖上为北宋汴梁有名的富豪，靖康之变后南渡来禾的内容。陶家为地方上做过不少好事，如捐资重修嘉兴县学、修桥铺路、救济贫民等，如今长虹桥上那些精美的大石块，就是当年陶家选购的。陶家庄园盛时曾有房屋5000多间，并有义庄（赈济族中孤寒）、义园（殡葬族人）、米栈（储粮）、糟坊（酿酒）、家塾（供子弟读书）、祠堂（祭祀）、花园等。甸上村如今改称"田丰村"，从陶家尚存的三间旧屋以及残存的三根巨大的船篷石柱，仍可想见其当年宏大的规模。

---

2 南张，元末群雄之一张士诚的子孙及部分义军避难于马库汇北车家港，张氏家族被认为是张士诚的后裔。近代著名物理学家以及浙江大学物理系重要奠基人张绍忠即来自此家族。
3 《嘉兴市志》编纂委员会. 嘉兴市志 [M]. 北京：中国书籍出版社，1997：1148.
4 《嘉兴市志》编纂委员会. 嘉兴市志 [M]. 北京：中国书籍出版社，1997：1972.

忠孝义悌、秉节如竹的祖训在陶氏家族代代相传，这样的清廉家风浸润着陶氏族人，后世子孙人才辈出，绵延不绝。1439年，陶氏后人陶钲、陶镒兄弟俩曾"出谷麦二千二百八十石，输常平仓"；1456年，逢天下大饥之时，陶钲之子陶泽"出粟千斛助赈，又运米七百斛实京仓"。陶家曾以一门三御史的清廉声名远播，在当地颇有威望。三位御史，即陶煦、陶俨和陶谟[5]，他们以恤民省费、为官不扰民的高尚品德，赢得了民众的尊敬与爱戴。陶俨、陶谟为父子，他们居住的宅园也被乡人赞为"父子绣衣第"，门前石兽相传为戚继光所赠，增添了一份历史的厚重感。晚清时期，陶家的后代陶模（1835—1902），字子方，出身翰林院庶吉士，历任陕甘总督、两广总督等要职。他在从知县到总督的三十余年仕途中，以治理西北边疆的显著政绩，为国家和民族作出了重要贡献。陶模的事迹，为陶家在历史上留下了浓墨重彩的一笔，成为家族荣耀的延续。我国著名的气象学家、中国科学院院士陶诗言（1918—2012），则是新时代陶氏家族的楷模[6]。

陶家的故事，不仅是一段家族的荣耀史，更是中国传统文化中清廉、忠诚、奉献精神的鲜活写照。他们的故事激励着后人，成为人们共同的精神财富。

"莲与廉"，粮仓的今后发展

田丰粮仓，不仅拥有得天独厚的自然风光和深厚的人文历史底蕴，更以其时尚崭新的建筑设计赢得了人们的喜爱。作为"运河陶仓理想村"的核心组成部分，田丰粮仓以其独特的魅力吸引着众多游客。

当人们来到田丰粮仓，最初会被其外观吸引，高耸的山墙、精心垒砌的巨幅稻穗图案给人带来视觉震撼，为"粮仓"一词作出最好注解。随着对人文历史的逐步了解，人们会进一步深切感受到"禾城"嘉兴历史的厚重与沧桑，进而对这片土地上曾发生的故事产生由衷敬意。

展望未来，可以通过进一步挖掘田丰粮仓与陶家、陶仓的历史，让王江泾（闻川）的丰富历史滋养粮仓，同时，也可以深入挖掘"莲"（廉）文化，弘扬清廉、忠诚的传统美德。此外，借助田丰粮仓作为网红打卡地的影响力，

---

5 许瑶光，吴仰贤．光绪嘉兴府志[M]．上海：上海古籍出版社，2020：1266-1268．陶煦，湖广道御史；陶俨，云南道御史；陶谟，四川道御史。

6 关于陶诗言先生的生平可参见http://www.iap.cas.cn/qt/zthd/tsyxs/sp/201212/t20121218_3722925.html。

田丰粮仓外观
来源：郑宏斌摄影

加强宣传推广，与周边设施、世界文化遗产大运河、莲泗荡景区等形成良好的互动，共同推动当地文化旅游的发展。

期待这座位于荷花之乡的美丽粮仓能够焕发出更加青春的光彩，不仅成为推动当地经济发展的新引擎，更成为传承和弘扬优秀文化的桥梁。让田丰粮仓成为一个充满活力、富有创意和文化氛围浓厚的聚集地，使每一位到访者都能感受到这里的独特魅力，留下难忘的回忆。

王江泾粮仓
——大运河上的明珠

李立贵　章　蓉

即将完成改造的王江泾粮仓俯瞰图
来源：朱嘉提供

建筑名称　王江泾粮仓
地　　址　嘉兴市秀洲区王江泾镇后新桥
建设时间　1983年，2022年
设 计 师　1983年不详，2022年为中国美术学院风景建筑设计研究总院有限公司
面　　积　7100平方米，总面积为25 500平方米
发展演变　1983年，政府征地，粮仓开始建设；
1984年，正式投入使用；
2020年，王江泾粮仓被公布为嘉兴市区第四批历史建筑；
2022年，进行创意设计和加固改造，打造高品质文化体验型休闲度假胜地悠远绵长的大运河,是中国古代经济的大动脉,即使到了今天也依然发挥着重要的运输作用。规模宏伟的王江泾粮仓临河矗立,坐落于京杭大运河江苏段和浙江段的节点处,拥有交通运输便利的优势,并与气势恢宏的长虹桥遥遥相望,共同见证了岁月的变迁。如今,粮仓改造工程正有序推进,历经沧桑的旧粮仓,在新的时代即将迸发新的生命力。

王 江 泾 粮 仓 基 本 概 况

王江泾粮仓坐落于风景秀丽的秀洲区王江泾镇,紧邻北虹桥的西端,位于大运河的西岸。这片土地以其丰沛的水系和交错有致的田野景观著称,构成了"六田一水三分地"的自然格局。在这里,旱地栽桑、水田种粮、湖荡养鱼,处处洋溢着浓郁的水乡风情。王江泾镇不仅是嘉兴地区"鱼米之乡、丝绸之府"美誉的生动写照,更是这一地域文化与自然和谐共生的完美缩影。

关于王江泾粮仓的相关记载并不多。2018年,王江泾粮仓得到了应有的认可,被公布为嘉兴市区第四批历史建筑。对其基本情况及价值判断如下:"砖混结构,临运河而建,仓房数量众多,形成粮库建筑群,具有改革开放前后国营粮库的时代特点,是王江泾现代重要史迹及代表性建筑,具有较高的历史价值。"

修缮中的粮仓现状
来源:郑宏斌摄影

根据嘉兴市政协文史特邀员陈钰麒手稿《天下粮仓》记载，2012年时，王江泾粮库存有钢筋水泥人字形屋架，盖青平瓦，红砖砌墙九开间的仓房两座，八开间的仓房两座。建于20世纪80年代初期钢筋水泥屋架，盖红平瓦，红砖砌墙八开间的仓房五座。粮库东临大运河西岸，建有交粮停船码头，曾经出租给民营企业开办丝绸纺织厂和浴室。

经过现场走访确认，得悉王江泾粮仓目前实际保存下来的仓房为十座。王江泾镇原文化站站长李忠林先生介绍，粮仓的建设始于1983年6月的政府征地，并于1984年正式投入使用。当时的征地总面积为7.48亩，包括5亩农田和2.48亩水域，粮仓总容积达到750万斤。2014年6月22日，中国大运河项目成功入选《世界遗产名录》，古老的大运河作为中国的宝贵遗产得到了国际认可，并成为世界文化遗产的一部分。申遗成功极大地提升了人们对大运河历史文化的保护意识和责任感，同时也为沿岸城市的大运河文化旅游产业发展注入了新活力。

王江泾粮仓，位于丝绸之乡，又紧邻大运河，其不仅是运河文化的见证者，更是江南稻米文化和丝绸文化交融的象征。这里汇聚了三种文化的独特魅力，为游客提供了一个深入了解和体验中国传统文化的平台。

鱼米之乡——农民争交"爱国粮"

李忠林是土生土长的王江泾人，他的家就在粮仓的边上。粮仓建设的时候他还没有参加工作，但他对当时粮仓的建设过程和农民缴粮的情景记忆犹新。

据他回忆，当时每个村庄都有自己的建设队，但负责王江泾粮仓建设的是规模更大、更为正规的双桥乡建设公司，负责人叫陶财富。由于粮仓选址离王江泾集镇很近，交通也十分便利。那时，大多数农民缴粮都是通过水路，划着小船而来，这在当时是一种常见的运输方式。不过，对于像李忠林这样居住在粮仓附近的农户来说，他们可以用板车将粮食推到粮仓，这样的做法在当时并不多见。

由于粮食产量较高，当地农民在完成国家规定的上缴粮食配额后，往往还有剩余的粮食。这些吃不完的粮食，他们也乐于卖给国家，这被称为"爱国粮"。李忠林先生还清晰地记得，当时许多农民争先恐后地来到粮库出售"爱国粮"，那场景既壮观又感人。此外，由于政府征用了村里的土地建设粮仓，部分当地农民因此获得了在粮库工作的机会。他们被称为"土地工"，根据

粮仓内部屋顶架构
来源：郑宏斌摄影

完成的工作量获得相应的工资。据李忠林先生回忆，这在当时是一件令人感到非常自豪的事情。这不仅为他们提供了稳定的收入来源，也让他们能够直接参与国家粮食储备的重要工作。

李忠林先生满怀感慨地谈及王江泾镇的历史。这个镇子兴盛于宋代，自古以来就被誉为鱼米之乡、丝绸之府。在政治稳定的时期，这里的百姓生活安宁，经济自给自足，发展得相当繁荣。然而，历史上的磨难也不少。据老一辈人讲，清咸丰年间（1851—1861）太平军与当地地主武装发生过激烈战斗，大火持续了7天7夜，导致许多古迹被毁，文化遗产遭受了巨大损失。经考证，历史上的确有被称作"咸丰兵燹"的历史事件。据《闻川志稿》载，王江泾在"乾、嘉以后，烟户万家。咸丰兵燹，尽付一炬。同治初，故老殚力招徕，迄今五十余年，才三百家，不及盛时二十分之一"[1]。正因为王江泾有过这样的过往，因此，李忠林先生强调，现存的历史建筑和历史遗迹必须得到妥善

---

1 嘉兴市秀洲区政协教科卫体与文化文史学习委员会，嘉兴市秀洲区王江泾镇人民政府. 闻川志稿（注释本）[M]. 北京：中国文史出版社，2020：14.

运河缓缓流淌，粮仓和长虹桥遥遥相望
来源：章蓉拍摄于 2022 年 12 月 5 日

保护和传承。保护好这些遗产，就是尊重历史，尊重先辈们的智慧和努力，同时也是对后代负责的表现。

随着时代的变迁，当地农民的生活方式也发生了显著变化。如今，当地农民基本已不再种地，虽然人均还保留着大约 6 分的口粮田[2]，但绝大部分人也都习惯了购买粮食。现在包括王江泾粮仓在内的许多旧粮库，虽然失去了仓储粮食的实际作用，但这些粮仓作为历史的见证，依然具有不可替代的价值。它们不仅是过去农业社会的重要标志，更是连接过去与现在的桥梁。这些粮仓在教育下一代方面也可以发挥至关重要的作用。孩子们通过粮仓等实物，可以直观地了解祖辈们的农耕文化和生活方式，感受先辈们的智慧和勤劳，从而更加珍惜今天的幸福生活。

改造中的老粮仓——旧貌换新颜

为了更好地发挥历史建筑作用，加大运河文化、稻米文化等文化传承力度，目前王江泾粮仓正在重新进行创意设计和加固改造工程。嘉兴运河文化省级旅游度假区亦借大运河成功申遗之势，以"传承运河文化、发展运河产业、

---

2 6分=0.6亩，即400平方米土地。

激活运河经济、享受运河生活"为指导思想,力图将粮仓所在地打造为高品质文化体验型休闲度假胜地。

现场负责人陆劲松介绍,做历史建筑的保护和再利用,虽然要施工讲方案,但也需要有情怀。他表示,"最好的保护就是发挥其价值,使历史建筑的生命力得以重新焕发"。

陆劲松还谈道,作为工程项目,经济效益固然需要考虑,但更重要的是通过改造使历史建筑重新焕发生命力,并服务于这个时代。历史建筑的保护特别是再利用方面,商业模式、设计方案、施工单位(落地)以及协助运营有机相连、环环相扣,四个环节缺一不可。在此次王江泾粮仓设计方案中,较好地将粮仓本身特点以及现代设计理念相结合,突出运河主题特色和文化底蕴,并增加了研学教育、劳动实践、亲子出行、运动休闲、餐饮会议等多样性业态。

夜景鸟瞰效果图
来源:陆劲松提供

具体而言，入口的广场结合船形庭院，增强了运河文化的氛围感。在功能布局上，青年旅馆、餐饮商业位于基地南部，使旅游出入更加便利；文体中心安置在地块北侧，主要面向周边居民，亦可降低对岸工厂对场地的影响。

此外，在文体中心的设计和改造手法中融入了"编织"概念，把六栋楼编为一个整体，功能合理，外观也更加流畅。同时，保留粮仓原结构基础，在屋顶上架起一座空中露台，将原来单独排列的建筑串联起来，使空间更为立体丰富，为人们游览场地提供了一个新的视角。在色彩上，也保留原粮仓建筑的色彩风格，使人们依旧能感受到原场地的氛围，在新功能使用下留下一些宝贵的历史记忆。

在中国美术学院风景建筑设计研究总院有限公司的专业设计指导以及施工团队的不懈努力下，王江泾粮仓正在进行一场令人瞩目的华丽转变。这里不仅将保留其深厚的历史底蕴，更将融入现代创新元素，展现出独特的新面貌。

粮仓的改造设计巧妙地融合了运河文化的精髓，采用了航船造型，象征着这片古老水域的航行历史和文化传承。同时，绸带连廊的设计灵感源于丝织文化的流动之美，不仅为游客提供了一个连接各个空间的流畅路径，还以其优雅的线条和动态的形态，展现了江南丝绸的灵动与柔美。

期待这些承载着丰富历史意义的建筑，在古老的水乡焕发出新的活力，绽放出更加璀璨夺目的光彩。它们将成为历史与现代完美融合的典范，不仅为当地居民和游客提供一个了解和体验传统文化的新平台，还将为王江泾镇的文化发展和旅游产业注入新的活力。随着改造工程的逐步完成，王江泾粮仓将以其独特的魅力，吸引更多人的目光，成为展示中国传统文化和现代创新精神的窗口，让世界看到这片土地上历史与现代交相辉映的独特风采。

厚生丝织厂
——百年风华,厚生致远

丁智萍　魏　超

嘉兴市建筑工业学校"厚生园"
来源:沈海涛摄影

建筑名称　厚生丝织厂
地　　址　嘉兴市经济技术开发区塘汇路839号嘉兴市建筑工业学校校园内
建设时间　1926年
设 计 师　不详
面　　积　不详
发展演变　1926—1949年,经营厚生丝织厂;
　　　　　1949—1964年,厂房和场地已封存起来,由人民政府接收管理,曾经一度被粮食部门用作临时粮食仓库;
　　　　　1964—1985年,塘汇中学迁入厚生丝织厂旧址办学;
　　　　　1985年,塘汇中学内设立嘉兴中专城乡建设分校;
　　　　　1996年,嘉兴中专城乡建设分校正式更名为"嘉兴市建筑工业学校",在民国时期厚生丝织厂主楼旧址基础上兴建"古建印象"——古建体验中心;
　　　　　2018年,厚生丝织厂旧址被公布为嘉兴市区第二批历史建筑;
　　　　　同年,在厚生丝织厂旧址兴建的"古建印象"——古建体验中心获批为嘉兴市中等职业教育职业体验中心。

厚生丝织厂嘉兴市历史建筑挂牌
来源：沈海涛摄影

在嘉兴市建筑工业学校的校园里，坐落着一座古色古香、散发着浓厚历史气息的建筑——厚生丝织厂。厚生丝织厂由南浔富商周庆云在1926年创办，至今已走过近百年的风雨历程，见证了嘉兴纺织业在近现代民族工业发展中的辉煌篇章。

目前，学校遵循"修旧如旧"的古建筑修复原则，精心保留了建筑的原有外观，对内部结构和功能进行了现代化改造，并对周边环境进行了全面整治。这一系列举措使这座旧厂址焕发新的生机，被重新命名为"厚生园"。

"厚生园"的命名不仅体现了学校"明德厚生、笃学强技"的办学理念，也巧妙地融合了建筑原址的名称，赋予了这片土地更深层次的文化意义。如今，"厚生园"已经转型成为学校的实践基地，为学生们提供了一个更加丰富多元的学习与实践环境。

厚 生 丝 织 厂 创 始 人 周 庆 云

提起厚生丝织厂，就不能不谈其创始人周庆云。周庆云，字景星，号湘舲，别号梦坡，周家是南浔"八牛"之一[1]。光绪七年（1881），周庆云中秀才，

---

1 南浔历史上曾对富商排名，有"四象、八牛、七十二条金黄狗"之说。周云甫. 四象八牛七十二金狗 [J]. 风景名胜，2002（2）：75.

周庆云肖像
来源：加一．周庆云：从弃学从贾的晚清秀才到两浙盐商中的权威人物[EB/OL]．(2022-08-15)．https://mp.weixin.qq.com/s/KkaPmaDcCMRXG56T8rvk7g．

后弃学从贾，跟随家族从事丝绸行业。他一生钟情于文史、书画、文物、藏书及著述，与吴昌硕、沈涛园、朱古徵、王义瀍等名流交往甚密。光绪三十三年（1907），周庆云被推举为嘉兴府盐务甲商（地方上最强盛的盐务专营商）。到民国初期，周庆云已成为江浙一带盐商中的风云人物，并积累了丰厚的资产。周庆云家族一直从事丝绸行业，周庆云也逐渐转向丝绸业，并凭借雄厚的实力逐步成为浙江丝绸史上一位颇具影响力的重要人物[2]。

根据《浙江丝绸志》记载，清朝末年，国外丝织品倾销中国，冲击市场，使中国大量银元外流。为了振兴国内丝绸业，1926年6月，周庆云在嘉兴塘汇镇投资10万元开办"厚生丝织厂"，购置了当时较为先进的意大利立式缫丝机120台、木头脚踩式缫丝机80台。1927年又增资2万元，将木机全部更新为意大利立式缫丝机。周庆云以毕生心血，打造丝绸企业，展现这位民族资本家致力于"振兴国货"的决心和"实业救国"的抱负[3]。

厚 生 丝 织 厂 的 艰 辛 创 业 史

一、创立阶段。根据《浙江丝绸志》的记载，1926年6月，湖州南浔的富商周庆云在嘉兴北门外的塘汇镇创立了厚生丝织厂。这家工厂的成立在当时产生了深远影响，一度为塘汇这个小镇带来了前所未有的繁荣，吸引了众多女工前来就业，为当地的经济发展注入了新活力。

1937年抗战爆发前夕，嘉兴县茧丝厂同业公会发布了《嘉兴茧丝事业概况》，其中对厚生丝织厂当年的经营状况进行了较为详尽的描述："厚生丝织厂于民国十五年（1926）6月开工剥茧，（生产能力）每年出丝四百五十担，当年即赚万余元，民国十六年（1927）亦赚五千元。"

2　加一．周庆云：从弃学从贾的晚清秀才到两浙盐商中的权威人物[EB/OL]．（2022-08-15）．https://mp.weixin.qq.com/s/KkaPmaDcCMRXG56T8rvk7g．

3　潘成旗．塘汇厚生丝厂的艰辛变革史[EB/OL]．（2019-12-07）．https://mp.weixin.qq.com/s/uf62S6bLIgBPw3mqwmE98Q．

这些记录不仅展示了厚生丝织厂在初创时期的强劲发展势头，也反映了当时嘉兴地区丝织业的繁荣景象。厚生丝织厂的成功，不仅为周庆云本人带来了丰厚的经济回报，更为当地社会创造了大量的就业机会，促进了社会经济的多元化发展。

二、衰退阶段。厚生丝织厂自诞生之初便展现出非凡的辉煌，令人遗憾的是，它并没有像传统企业那样经历一个稳定的成长和成熟期，而是很快陷入了亏损和挣扎的困境。这家工厂在成立仅两年后就开始面临财务亏损问题。

一方面，当时全球经济的低迷对中国市场产生了不小的影响，特别是日本廉价丝绸的大量倾销，严重冲击了中国的丝绸市场，导致国内丝绸价格急剧下降；另一方面，据史料推测，当时周庆云先生本人的健康状况可能已经开始恶化，这使他难以继续有效地管理经营业务，进而导致厚生丝织厂的财务状况开始恶化。民国十七年（1928）和民国十八年（1929）每年亏损3万元，到了民国十九年（1930），亏损额更是达到6万元。

1929年，周庆云先生作出最后尝试，聘请禾商徐步云经营丝厂。徐步云在民国初期曾在嘉兴市内开设过"禾新钱庄"，拥有雄厚的资本实力和广泛的人脉资源。然而，即便如此，由于当时恶劣的营商环境，徐步云也未能成功扭转丝厂的亏损局面。1933年12月7日，周庆云先生在上海病逝，享年70岁。

三、挣扎求生阶段。周庆云先生逝世之后，其子周褆初继承了当时已经陷入困境的厚生丝织厂。面对巨大的亏损和经营上的重重困难，周褆初很快发现，单凭一己之力难以为继。不久，他被迫作出艰难的决定，将厚生丝织厂抵押给兴业银行。银行随后将厂房租给其他商人经营。在这一时期，厚生丝织厂经历了多次经营者的更换，遗憾的是，尽管每位经营者都付出了努力，却没有人能够成功扭转厚生丝织厂的颓势，使其重现昔日的辉煌。

据说，在这段时间里，丝织厂的老板们利用厂内锅炉房每天烧剩的煤渣，铺筑了一条长约620米、宽4米的煤渣路。这条路从冷水湾一直延伸至塘汇牛桥头，有效解决了长纤塘在雨天泥泞路滑的问题，为当地居民提供了实实在在的便利。

抗日战争的爆发给厚生丝织厂带来了毁灭性打击，日本为了控制中国经济，对蚕种、蚕茧、蚕丝实施全面控制，严重阻碍了我国丝绸业的发展，导致厚生丝织厂在战争期间基本处于停业状态。

抗战结束后，随着我国社会和经济的逐步恢复，许多厂家开始恢复生产。1946年，塘汇人虞辑君，毅然承担起振兴厚生丝织厂的重任，他筹集了 10 万元巨资，在丝厂旧址重新开业恢复生产，并继续使用"厚生"这一名称。塘汇人对此充满期待，希望看到镇上再次出现人丁兴旺的繁荣景象。然而，由于市场上出现了许多小型丝厂和茧厂，蚕茧上市时竞争激烈，导致嘉兴茧丝行情波动剧烈，厚生丝织厂面临经营困境，不得不暂时停产，依靠买卖蚕茧勉强维持。

中华人民共和国成立后，国家对蚕茧交易实行统购统销政策，规定私人不得经营蚕茧生意，厚生丝织厂因此歇业。厂房和场地被封存，由人民政府接收管理，一度被用作临时粮食仓库。

厚生丝织厂旧址在校园内传承

创办于 1960 年的塘汇中学，校址最早在塘汇鸣羊村，只有几间破旧的房屋，办学条件十分简陋。1964 年年初，经嘉兴县政府批准，塘汇中学搬入厚生丝织厂办学。据塘汇中学首任校长赵贞良先生回忆，当他们首次踏入这座旧丝厂时，映入眼帘的是里面杂草丛生、破烂不堪、满目凄凉的景象[4]。为了节省开支，并且确保能在春节后新学期开始前完成准备工作，除了必要的教室经过翻修改造外，其余的附属设施均是直接利用原有旧厂房，稍作修补后便投入使用。

随着时间的推移，历史的车轮滚滚前进。塘汇中学经过不断发展，校园内厚生丝织厂的痕迹慢慢地消失了。1985 年，在塘汇中学内设立嘉兴中专城乡建设分校，1996 年正式更名为"嘉兴市建筑工业学校"，在民国时期厚生丝织厂主楼旧址基础上兴建"古建印象"。2018 年，厚生丝织厂旧址兴建的"古建印象"——古建体验中心获批为嘉兴市中等职业教育职业体验中心。

古建体验中心以弘扬传统建筑艺术为核心，精心规划了传授古建技艺、深化产教融合、培育工匠精神及传承古建文化四大功能区域，整个中心被巧妙地划分为"一区一园"。

"一区"即江南秀户外实景体验区，由热心校友慷慨出资 10 余万元，于园内精心建造了一座六角亭，命名为"鎏增亭"，为体验区增添了一抹古典韵味。"一园"指厚生园，园内还精心打造了"一馆一坊一室"。"一馆"指古建文化展示馆，馆内不仅设有古建文化工匠精神的讲解区，还特别规划

---

4 潘成旗. 塘汇厚生丝厂的艰辛变革史 [EB/OL]. （2019-12-07）. https://mp.weixin.qq.com/s/uf62S6bLIgBPw3mqwmE98Q.

厚生丝织厂外观
来源：沈海涛摄影

了"三雕"（石雕、木雕、砖雕）和古建模型的实物观摩区，以及古建模型实践制作区和园林古建 VR 体验区，使参观者能够全方位感受古建文化的魅力。"一坊"即木作工坊，该工坊依托企业资源，与济南驴木匠木工培训学校携手成立了浙江培训基地，致力于提升木作工艺的专业水平。"一室"即大师工作室，有幸邀请到了首届浙江工匠、2019 年度浙江最美装饰人、浙江建工集团的金睿总工程师作为首位入驻大师，传授绝技、培养高徒，为学校培育出一批批技艺精湛的技能骨干，进一步推动古建文化的传承与发展。

历经百年沧桑，厚生丝织厂见证了时光荏苒与时代变迁。尽管丝织厂已不再生产经营，但其旧址上兴起的古建体验中心，承载着新的历史使命。该中心以"古建文化熏陶、古建技艺传承、工匠精神培育、校企合作共赢"为发展核心，构筑了一个多功能的综合体。这里不仅是职业体验的场所，也是专业实训的基地，集教学科研与社会服务功能于一体，致力于推动职业教育的繁荣发展。在新时代的征程中，古建体验中心正以其独特的魅力和活力，焕发出勃勃生机，为传承与创新古建文化贡献力量。

海鸥电扇厂
——昔日名旦变身公益图书馆

丁智萍　魏　超

海鸥电扇厂大门
来源：郑宏斌摄影

建筑名称　海鸥电扇厂
地　　址　嘉兴市秀洲区王店镇梅溪街 224 号
建设时间　1951 年
设 计 师　不详
面　　积　占地面积 3300 平方米，建筑面积 1600 平方米
发展演变　1951 年，成立利民铁工场；
　　　　　1954 年，改组为王店铁工生产社；
　　　　　1958 年，改为地方国营王店机床厂；
　　　　　1972 年，更名为"嘉兴市轻工机械厂"；
　　　　　1979 年，升格为县属合作工厂并成立电扇车间；
　　　　　1980 年，改名为"嘉兴海鸥电扇厂"；
　　　　　1989 年，海鸥电扇厂成为全国电扇行业重点企业，被评为省级先进企业；
　　　　　1990 年，浙江海鸥电器集团成立；
　　　　　1999 年，浙江海鸥电器集团因经营不善宣布破产；
　　　　　2007 年，嘉兴市海鸥电扇总厂房屋、土地及附属设施等被公开拍卖；
　　　　　2020 年，海鸥电扇厂原址被公布为嘉兴市区第四批历史建筑；
　　　　　2020 年，王店镇人民政府将海鸥电扇厂的旧厂房进行了保护和翻新，成立梅里有为图书馆。

千年古镇梅里扇子汇，道尽海鸥辉煌传奇事。

昔日名旦飞进中南海，折翅海鸥变身图书馆。

一缕书香传承千年的温润古镇梅里，"两千年的长水，一千年的梅里"是对嘉兴市秀洲区王店镇悠久历史的描述。王店镇古称"梅里"，漫步其中，枕水人家、石板里弄、临街老屋、缓慢流淌的长水塘和悠闲生活的居民，无不诉说着梅里古镇悠远的历史。行走在梅溪老街，这个千年古镇的文化韵味与生活气息绵延不绝。

秀洲区王店镇梅溪街224号是昔日著名的海鸥电扇厂。历史长河大浪淘沙，海鸥电扇已经退出了历史舞台，但是海鸥电扇厂旧厂房的主体建筑一直保留下来。海鸥电扇厂原址建于1960年左右，共有10幢厂房被公布为嘉兴市区第四批历史建筑。厂区大门是典型的工业建筑大门形象，并保留了建厂时"祖国万岁"的标语，部分细节构件保留完好，老式大门灯、水塔等依然保持着当初的模样……

海鸥电扇厂原址嘉兴市历史建筑挂牌
来源：郑宏斌摄影

海鸥电扇厂内的水塔
来源：郑宏斌摄影

2018年嘉兴博物馆六十周年展出的"四大名旦"
来源：浙江在线.嘉里看展｜嘉兴有"四大名旦" 你还记得哪些？[EB/OL]．(2018-10-31)．http://jx.zjol.com.cn/201810/t20181031_8622132_ext.shtml.

梅里古镇有一条梅溪，自东向西流淌，至古镇尽头，原本狭窄的梅溪忽然开阔，并伸展成形似展开的折扇，这种地形有个雅称为"扇子汇"。梅里古镇最有名的"扇子"，当属经历过大风大浪、大起大落的海鸥电扇。

昔日名旦飞进中南海

20 世纪 80 年代，嘉兴"四大名旦"——海鸥电扇、皇冠灯具、益友冰箱和大雁自行车[1]——闻名遐迩，南来北往求购者络绎不绝，可谓风光一时。时过境迁，对于承载了老一辈人情怀的"四大名旦"，年轻人已知之甚少。直到 2018 年嘉兴博物馆六十周年捐赠展，鼎鼎大名的"四大名旦"再次亮相，勾起了许多人对往昔的美好回忆。

曾经辉煌一时的海鸥电扇厂是嘉兴人的骄傲。如今，"名旦"香消玉殒，逐渐淡出人们的视线，成为那个年代独有的记忆。《都市快报》曾于 2012 年 6 月 20 日刊登《他给嘉兴市长热线打电话恳请政府找到生产厂家并嘉奖》的一则新闻。1978 年，河南驻马店的马先生花了 178 元（当年马先

---

1 浙江在线.嘉里看展｜嘉兴有"四大名旦" 你还记得哪些？[EB/OL]．（2018-10-31）．http://jx.zjol.com.cn/201810/t20181031_8622132_ext.shtml.

海鸥电扇厂的机器设备照片
来源：2023 年 5 月郑宏斌翻拍于梅里有为图书馆

生的月收入约 40 元）购买了一台嘉兴产的落地扇，之后的每个夏天这台电扇都陪伴着马先生一家，三十多年从未坏过。步入花甲的马先生有个心愿，希望找到这台电扇的厂家，并打算恳请政府部门给予嘉奖。只是三十多年过去，电扇的品牌标志已经模糊，马先生无从知晓厂家的名字，只记得是嘉兴生产的。于是，马先生的女婿给嘉兴市市长热线打了电话寻求帮助，几经询问及辨认，确定马先生家的"老伙计"是当年风靡全国的海鸥电扇。令人唏嘘的是，当时海鸥电扇厂早已破产倒闭。

根据《王店镇志》的记载，1951 年王店镇铁器手工业者在梅溪街 195 号创建了利民铁工场，1954 年改组为王店铁工生产社，1958 年转型为地方国营王店机床厂，1962 年另组王店机械农具修配厂，1972 年更名为"嘉兴市轻工机械厂"，1979 年直至升格为县属合作工厂，1980 年改名为"嘉兴海鸥电扇厂"。在此过程中，成立了电扇车间，工人们用智慧与勤劳的双手拼装出了第一台海鸥电扇[2]。

1985 年，中央书记处办公厅指定采购海鸥电扇 108 台，海鸥电扇从此进入中南海，这让海鸥电扇一夜成名，成了风扇行业的佼佼者[3]。"海鸥飞进中南海"，在当年广为流传。海鸥电扇厂不断推出新产品，并且增加产品的维修网点，加强电扇的售后服务，海鸥电扇的产品远销海内外市场，并且得到诸多荣誉与好评。

2　梅晓民. 王店记忆 [M]. 北京：中国文史出版社，2014：301-309.
3　嘉兴档案. 从"一顶"到"全屋"，这个小镇"智"胜有方 [EB/OL].（2023-09-01）. https://mp.weixin.qq.com/s/E9c5ri5Hq4h233EAsHn9QQ.

海鸥电扇产品曾获得的部分荣誉

评奖时间	得奖产品	评奖名称	授奖部门
1983年9月	400毫米台扇、立扇	省优产品	省计经委
1983年9月	400毫米台扇	部优产品	轻工业部
1986年	系列电扇	最受消费者欢迎产品	全国32家大型商场
1987年	系列电扇	最受消费者欢迎产品	全国32家大型商场
1987年12月	400毫米台扇、立扇	部优产品	轻工业部
1988年12月	FC 1200～1400毫米吊扇	部优产品	轻工业部
1988年	系列电扇	最受消费者欢迎产品	全国32家大型商场
1989年	系列电扇	最受消费者欢迎产品	全国32家大型商场
1989年7月	FT 40011台扇	首届北京国际博览会银奖	轻工业部
1989年12月	FS系列电扇	全国轻工业优秀新产品	轻工业部

来源：《王店镇志》编纂委员会．王店镇志[M]．北京：中国书籍出版社，1996：155．

然而，经历了发展和辉煌，海鸥电扇厂逐渐走向衰退。陈旧落后的管理方式以及企业经营不善等问题，加速了海鸥电扇的衰败。2007年，海鸥电扇总厂房屋、土地及附属设施被拍卖，曾经辉煌一时的海鸥电扇厂至此彻底被淘汰。

折翅海鸥浴火重生，工业之地开出文化之花

王店镇在2020年美丽城镇建设时，对海鸥电扇厂的旧厂房进行了保护和翻新，在不改变原有旧厂房格局的前提下，将两栋占地1000多平方米的旧厂房改造成梅里有为图书馆。翻新后的厂房黑白相间，边上红砖砌成的大烟囱斑斑点点，爬山虎在上面纵横交错，让人依稀能感受到过去的辉煌。梅里有为图书馆是一家公益图书馆，借助社会组织力量，带动周边社区，鼓励居民自发捐赠新书或二手图书，并开展一系列公益阅读活动。走进图书馆，随处可见颇有年代感的标语和口号，这是旧厂房留下的一道独特风景，大厅挑高顶棚装的吊扇也是嘉兴人耳熟能详的海鸥牌，图书馆内也有部分海鸥电扇厂老员工捐赠的与"海鸥"有关的物品和图册。这几年，改造后的梅里有为图书馆也成为"老海鸥人"聚会活动的场所，曾经的老工友、老伙伴们再次聚集在这里，一起怀念过去，畅谈当下。

梅里有为图书馆
来源：郑宏斌摄影

梅里有为图书馆内仍在工作的海鸥电扇
来源：郑宏斌摄影

海鸥电扇厂曾经的文件资料
来源：郑宏斌摄影

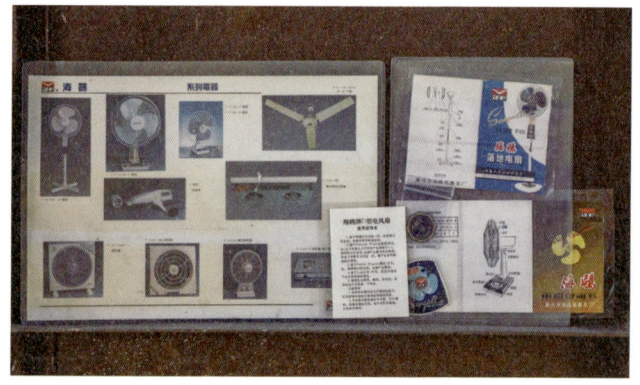

梅里有为图书馆中海鸥电扇相关物品和图册
来源：郑宏斌摄影

连接梅里有为图书馆一楼和二楼的楼梯
来源:梅里有为图书馆提供

梅里有为图书馆注重营造充满书香的阅读氛围,致力于提升学生和附近居民的阅读体验。图书馆周边有多所幼儿园和中小学,因为王店镇有大量外来流动人口,父母大多忙于工作,无暇照看孩子,所以,图书馆特别关注为儿童提供更多课外陪伴和启蒙服务。一进入图书馆,就能看到一个双层复合庭院,一楼两侧布置着儿童和成人的阅读区,二楼则设置了一些办公区域。连接一楼和二楼的楼梯呈现出剧场的格局,可用于电影放映和孩子们的表演活动。值得一提的是,加建的钢结构平台采用"积木式"设计,能根据实际需求进行拆卸、移动和组合,以满足不同的使用需求和场景。此外,图书馆还长期有青年志愿者驻扎,与附近的小学合作,加强校园内图书馆的运营和阅读活动设计。

海鸥折翅,重展辉煌

历史建筑保护需要紧跟时代,重视创新,在保护原有建筑的基础上,以新颖而实用的方式展现在世人面前,并根据城市和社区需要开发出新的实际使用功能,才能使其真实地"活过来",带动整个社区的生机活力。海鸥电扇厂改建成网红图书馆的模式,不仅传承了当年辉煌的海鸥电扇厂的记忆,展现嘉兴轻工业发展的历史,而且为附近的孩子、学生和居民提供了丰富有趣的社区阅读活动空间,为老工业遗产的更新再利用提供了一个非常不错的思路。

嘉兴冶金机械厂
——凤凰涅槃，期待重生

章 蓉　杨文睿

嘉兴冶金机械厂厂门
来源：沈海涛摄影

建筑名称　嘉兴冶金机械厂
地　　址　嘉兴市南湖区甪里街 112 号
建设时间　20 世纪 60 年代
设 计 师　不详
面　　积　厂区占地面积 54 万平方米，建筑面积 20 万平方米
发展演变　前身为建于 1940 年的私营杜锦记铁工厂；
　　　　　1949 年后由人民政府接管，改名为"新新铁工厂"；
　　　　　1949 年 10 月，购进私营利民铁工厂，改名为"嘉兴铁工厂"；
　　　　　1956 年，嘉善工信铁工厂并入，更名为"农业机械厂"；
　　　　　1957 年，厂址由解放路迁至甪里街；
　　　　　1958 年，更名为"嘉兴矿冶机械厂"；
　　　　　1960 年 5 月，定为今名；
　　　　　2005 年，嘉兴冶金机械厂宣告清算破产，后成立嘉冶机械创业中心；
　　　　　2019 年，企业腾退，整个厂区处于待开发状态；
　　　　　2020 年，冶金机械厂厂房被公布为嘉兴市区第四批历史建筑。

嘉兴自古以来以蚕桑业和丝织业闻名，是著名的鱼米之乡。如果将嘉兴拟人化，那嘉兴应该是行走在烟雨江南中的温婉女子。然而，嘉兴从不拘泥于某一个刻板印象，谁能想到以农业和轻工业著称的嘉兴，曾拥有过浙北最大的重工业基地——嘉兴冶金机械厂（以下简称"嘉冶厂"）呢？岁月变迁，昔日叱咤风云的工厂如今已渐渐沉寂，唯有静静矗立在老厂区的多处历史建筑还诉说着其过往的荣光。抚今追昔，追寻那段尘封的历史，也期待拥有辉煌历史的老厂房能够重新焕发光彩。

嘉冶厂概况

嘉冶厂位于嘉兴市南湖区甪里街112号，厂区占地面积54万平方米，建筑面积20万平方米。北靠长板河，北邻沪杭铁路线，西南临南湖、环城河，西接嘉兴火车站，交通便利。南边的甪里街沿线分布了嘉兴市诸多工业企业，除冶金机械厂外，还有嘉兴工业历史上著名的绢纺厂、造纸厂等。甪里街上曾有一座东塔寺，相传寺址曾为汉朝九卿朱买臣故居所在地。2020年，冶金机械厂厂房被公布为嘉兴市区第四批历史建筑。

嘉兴市人民政府公布的嘉兴市区第四批历史建筑名单[1]中对冶金机械厂厂房的基本情况和价值判断描述如下："共7幢，前身为民国私营企业'嘉兴杜锦记铁工厂'，1949年后由私营企业兼并、国家接管。目前厂区布局完整，建筑结构特色鲜明，建筑体量和跨度极大，建筑立面为砖墙，部分厂房上遗存20世纪中期年代标语，时代印记鲜明。嘉冶厂作为大跃进时期壮大的大型企业，经历了机械工业的发展过程，也是嘉兴近现代工业遗产中机械工业发展的例证，具有典型性和代表性，具有较高的历史和科学价值。"经过实地探访，团队找到了挂牌为"嘉兴市历史建筑"的老厂房。这些老建筑，多数处于闲置状态，或曾一度被用作货物仓库，乍眼望去，已经难以想象其当年的辉煌场景。然而，掸去历史的落尘，老建筑们依然铮铮铁骨，挺直了腰板站在那里，静静地述说着嘉兴工业发展的历程……

翻开历史档案，嘉冶厂几经更名，经历了一段不断合并、发展的历程。根据《嘉兴市志》的记载，嘉冶厂的前身为建于民国二十九年（1940）的私营杜锦记铁工厂，1949年由人民政府接管，改名为"新新铁工厂"。1949年

---

1 嘉兴市人民政府. 嘉兴市人民政府关于公布嘉兴市区第四批历史建筑名单的通知[EB/OL]. （2022-11-23）. https://www.jiaxing.gov.cn/art/2022/11/23/art_1229701175_227.html.

嘉冶厂内的老厂房
来源：章蓉拍摄于2022年11月4日

6月16日起，华东贸易部派军代表先后接管了杜锦记铁工厂及几家报社印刷工厂，建立了嘉兴市区首批国营工业企业；同年10月，购进私营利民铁工厂改名为"嘉兴铁工厂"。1956年，嘉善工信铁工厂并入，更名为"农业机械厂"。1957年，厂址由解放路迁至甪里街。到1958年，更名为"嘉兴矿冶机械厂"，直到1960年5月定为今名[2]。

虽然曾经辉煌，但在2005年，嘉兴冶金机械厂宣告清算破产，结束了其50多年的历史。此后，浙江前程投资股份有限公司将其收购，成立了嘉冶机械创业中心，曾有100多家企业入驻。2019年，这些企业腾退后，整个厂区处于待开发状态。

嘉冶厂的技术突破与创新

中华人民共和国成立之初，面对的是"一穷二白"的局面和极端落后的工业基础。为改变贫穷落后的局面，开展工业建设，建立完整的工业体系，使中国从一个落后的农业国转变为工业国成为当时的重要任务。在这一历史背景下，加强重工业项目建设成为工业发展的重中之重。

嘉冶厂成为中央冶金部直属的大型骨干企业，正是源于这样的大背景，且

---

2 《嘉兴市志》编纂委员会. 嘉兴市志[M]. 北京：中国书籍出版社，1997：998-999.

老厂房中的木质结构屋顶
来源：章蓉拍摄于 2022 年 11 月 4 日

获得了苏联专家的指导。对以农业为主、工业以轻纺为主体的嘉兴而言，嘉冶厂的发展促进了嘉兴构建轻重工业结构合理的工业体系。同时，嘉冶厂在技术上不断升级、突破，为国家冶金领域的进步作出了重要贡献，许多技术设备还获得国家级嘉奖。全国劳模杨祖昌兢兢业业、埋头苦干的事迹也激励了很多人。

据《嘉兴市志》[3]记载，嘉冶厂在"一五"计划期间，以生产打稻机、碾米机、水田犁等支农产品为主，迁址后扩建金工、铸工车间，改变产品结构，支援钢铁生产，试制成功叶氏5号鼓风机、250毫米轧钢机等。后又接受成批冶金矿山机械1.2米卷扬机、皮带运输机、深孔凿岩机、矿车及减速器等制造任务。

"二五"计划期间，嘉冶厂新建金工、装配、钣焊、铸铁、铸钢、锻热、木模等车间，产品广泛应用于冶金、矿山、水电、建筑、轻工、铁道等行业。多种产品获得国家科学技术进步奖或被评为部、省级优质产品。如S1/D 2000型高能液压碎石机、SQ 100型高风压边坡钻机获国家科学技术进步奖特等奖，J系列潜孔冲击器获国家科学技术进步奖一等奖。研制于1989年的一千万吨级大型露天矿成套设备获国家科学技术进步奖特等奖。1990年J150型潜孔冲击器获国家优质产品银质奖……由于这些来之不易的进步和荣誉，1988年9月嘉冶厂被评为国家大型二类企业。

3　《嘉兴市志》编纂委员会．嘉兴市志[M]．北京：中国书籍出版社，1997：999．

翻看历史记载，不由得为嘉冶厂在技术革新方面取得的巨大成就而感叹。踏入旧厂房，依然能感受到这座大型国有企业的强大气场。特别是那些结构复杂的屋顶，既令人惊叹于工业遗产的精美，又震撼于其中蕴含的高超技术。一些屋顶看似是钢结构，实则由木材搭建而成，令人不禁赞叹。建国初期，我国的钢产量有限，因此厂房屋顶采用木材构建，如今这些木结构屋顶经受住了时间的考验，保存完好，不仅展现了中国传统木工文化的精髓和高超技艺，也彰显了人民群众智慧的强大力量。

嘉冶厂人的美好回忆——咸汽水

截至1990年年末，嘉冶厂有职工3800人，各类技术人员580余人，其中高级职称28人，中级职称115人[4]。考虑到当时嘉兴中心城区人口仅为数万人，说大部分"老嘉兴"都有亲戚朋友和嘉冶厂有关联也不为过。

当时，进入嘉冶厂工作是许多嘉兴人的梦想。嘉冶厂不仅工资高，而且福利好，事事为职工着想，解决了工人们的后顾之忧。整个厂区占地面积54万平方米，除厂房外，礼堂、食堂、浴室、宿舍、托儿所、幼儿园、技校、医院、游泳池等配套设施齐全，厂房附近均匀分布着10多所设施良好的卫生间，还拥有一套独立完善的地下防空设施。职工住宅、小学则与西面的民丰造纸厂建在一起……

由于当时生活条件普遍艰苦，一般家庭都没有淋浴设备，而嘉冶厂自己烧锅炉，内设公共浴室，工人们每天都能够免费洗澡，职工结婚后还能分到婚房，因此在此工作的姑娘和小伙子们很受欢迎。

嘉冶厂独有的咸汽水更是一代人的回忆和骄傲。厂内专门设立"咸汽水车间"生产咸汽水，在炎炎夏日为员工消暑解渴。每天早上生产的咸汽水，下午员工凭汽水票就能领到。在当时，能够喝上一口咸汽水是一件十分稀奇且自豪的事情。据嘉冶厂职工子女杨先生回忆，每年夏天他最期待的事情之一就是喝咸汽水，从7月开始厂里会发放汽水票，一个月约30张，如果将咸汽水放到井水里冰镇，口感更佳。那沁人心脾的清凉之感，比现在的雪碧可乐都爽口，令他至今记忆犹新。此外，咸汽水的瓶盖是由剩余的铝皮冲压成模而成的，既环保又实用。

---

4 《嘉兴市志》编纂委员会. 嘉兴市志[M]. 北京: 中国书籍出版社, 1997: 999.

一期大礼堂和一期厂房立面
来源：章蓉拍摄于2022年11月4日

嘉冶厂如同一个小社会，除了厂房车间外，幼儿园、小学等配套设施完备。杨先生自小学三年级就转入嘉冶厂的小学就读，一直到小学毕业。每天中午下课后，他都跟着母亲到金工车间吃午餐。他还清楚地记得，走进车间大门，10多米高的大房子令他惊叹不已。房顶下方有特别高大的吊车横跨在两边的高墙之上，十分壮观。后来，他从工人口中得知，这是龙门吊车，用于吊装运输待加工的零件。

毫不夸张地说，当时职工的一生都能托付给这个企业，工作没有后顾之忧。因此，能够成为嘉冶厂这个冶金部直属企业的职工，对当时的嘉兴人而言是非常骄傲和自豪的事。

历 史 建 筑 遗 产 价 值

嘉冶厂见证了嘉兴的大中型国有企业在不同历史时期，在政治、经济环境急速变化中的兴衰成败，其筋骨犹存，风貌依旧，是一份珍贵的工业遗产。同时，它也是老一辈工人奋斗青春的见证，是他们的汗水铸就了国家今日的繁荣和强盛。

嘉冶厂是冶金部直属企业，作为苏联当时援建的工厂，由苏联专家指导，具有较重要的建筑史价值。它见证了近代嘉兴工业化发展的历程，其发展和变迁映射了嘉兴特定区域的时空变化，留下了嘉兴工业及社会发展的印记。大量历史建筑的留存，人文历史与工业建筑历史的交融，使其成为嘉兴城市记忆中不可缺少的一部分，其历史价值独一无二。

生产建筑

作为当时嘉兴著名的国营企业，嘉冶厂包含了那个时代的工业文化与建筑文化，具有较高的艺术、文化价值，对嘉兴延续城市文化的多样性有着不可估量的价值。嘉冶厂内保留了大量的建筑遗产，无论是工业建筑还是一般民用建筑，都能反映出相应时代的社会、政治、经济特征。其规划、建筑坚持形式追随功能的现代主义规划和建筑设计理念，坚持适用、经济、美观的建筑设计原则，坚持人文主义的情怀。如今，漫步在悄无声息的厂区，绿树婆娑，保存良好的建筑令人仿佛穿越到20世纪五六十年代，脑海中浮现出我国社会主义建设早期的历史图景……

嘉冶厂作为嘉兴的城中之城，是一个特有的自给自足、半封闭的熟人社会，原厂职工及其后代目前大多已离开这个曾给予他们安逸、小康生活的厂区。经历了"喜爱厂区、嫌弃厂区"，如今人们"怀念厂区"的情感与日俱增。嘉冶厂的建筑历经半个多世纪仍然保存完好，作为嘉兴人民集体记忆的承载物、历史文化的象征物、环境景观的标志物，体现了建筑的社会价值。

嘉冶厂是和嘉兴毛纺厂、嘉兴制丝针织联合厂、嘉兴绢纺厂、嘉兴民丰造纸厂并称的"嘉兴五大厂"之一，且是唯一的冶金部直属企业。作为

嘉冶厂的老厂房
来源：沈海涛摄影

大型企业的代表，嘉冶厂曾是全市企业结构的支柱，为嘉兴市经济发展作出过不可磨灭的贡献。凭借其中心区域的优越地理位置，意味着它未来在社会、文化与经济共同发展中，尤其在数字经济的当下，在打造服务于长三角地区的数字经济基础设施中心、高校科学研究实验中心、嘉兴工业博物馆、特色工业旅游等项目方面，都具有独一无二的巨大潜力，其未来的社会与经济价值毋庸置疑。

随着嘉兴市的不断发展和蝶变升级，承载历史文化记忆的历史建筑日益受到重视。嘉冶厂虽然目前暂时沉寂，但是金子总会闪耀光芒，其作为嘉兴市非常难得的重工业历史遗存，拥有良好的厂房、广阔的空间，势必会重新成为令人瞩目的焦点，迎来复兴的机遇。在借鉴其他地区工业建筑改造优秀案例的基础上，期待嘉冶厂能够早日蜕变，破茧成蝶，展现出全新的活力与风采。愿这段工业历史在新时代的背景下，不仅得以保存，更能以创新的方式焕发生机，成为嘉兴市文化与创新融合的新地标。

嘉丝联茧库
——嘉兴丝绸发展的见证者

杨文睿　黄琴琴

嘉丝联茧库远景
来源：沈海涛摄影

建筑名称　嘉丝联茧库
地　　址　嘉兴市南湖区新嘉街道北京路社区杉青闸路
建设时间　1992—1994年
设 计 师　不详
面　　积　5639平方米
发展演变　1929年，福兴丝厂（嘉兴制丝针织联合厂前身）建成二层茧库1幢，建筑面积为1048平方米；
　　　　　1939—1942年，福兴丝厂兴建三层茧库1幢，为三层砖木结构的西式楼房，共21间，长54米，宽14米，高42米，仓储量10 000包；
　　　　　20世纪90年代，于20世纪30年代建造、当时已成为危房的杉青闸老茧库被拆除；
　　　　　1992—1994年，于嘉丝联茧库旧址（即杉青闸路）建南北两幢茧库；
　　　　　2019年，南湖区新嘉街道原嘉丝联茧库被公布为嘉兴市区第三批历史建筑。

嘉兴素以"丝绸之府、鱼米之乡"闻名遐迩。作为当代的"中国绸都"，嘉兴丝绸的历史源远流长。嘉兴地处太湖平原，气候温和，雨水充沛，土地肥沃，灌溉便利，拥有得天独厚的桑蚕业发展条件，为丝绸工业的发展提供了充裕的原料支持。自唐宋以来，嘉兴就成为全国桑蚕业最为发达的地区之一，明代便被誉为"丝绸之府"。据考证，早在新石器时代，嘉兴地区就已经掌握了原始的缫丝、织绸技术。在这片土地上，栽桑养蚕的历史已有千年之久，朱彝尊在《鸳鸯湖棹歌》中的诗句"村边处处围桑叶，水上家家养鸭儿"，描绘的正是清初嘉禾一带桑蚕盛行的生动场景。

茧库的"今生前世"

位于"九水连心"水系中苏州塘上的嘉丝联茧库，是嘉兴丝绸历史发展的见证者。如今，两座高耸的建筑矗立在秀美的大运河畔，它们是建于1992年至1994年的茧库。南面的建筑是第一期，北面的是第二期，总面积达5639平方米。这座建筑采用框架结构，外观简洁，对称的设计给人以震撼之感。尽管与周围华丽的高楼相比，它们已经显得有些陈旧，但依然雄伟壮观。茧库共有7层，其中1层至5层用于储存干茧，6层至7层用于存放丝绸成品，从第5层起设有电梯。为了保证干茧的质量，茧库在设计时考虑了防潮和遮光，除了内外开的玻璃窗外，最外层还加固了木窗。2019年，这座茧库被列为嘉兴市区第三批历史建筑，以保留其珍贵的历史价值。

随着嘉兴制丝针织联合厂（以下简称"嘉丝联"）的发展，茧库的建设也发生了不小的变化。据《嘉丝联志》记载，嘉丝联的前身福兴丝厂于1929年建成了一幢二层茧库，建筑面积为1048平方米。随后在1939—1942年，福兴丝厂又兴建了一幢三层茧库[1]。根据《嘉兴丝绸志》记载，1947年的嘉属各县储茧仓库概况显示，位于杉青闸的嘉丝联茧库为三层砖木结构的西式楼房，共有21间，长54米，宽14米，高42米，可存储10 000包茧。中华人民共和国成立后，该茧库曾作为嘉兴中心仓库使用和管理[2]。

随着丝绸业的发展，嘉兴成为全国蚕桑茧丝重点产区之一。相关资料显示，20世纪90年代，茧丝产量占全省40%以上，丝类产品出口约占全国的20%。1991年，虽遭受严重洪涝灾害影响，蚕茧收购量仍达4.4万吨，较上

---

1 《嘉丝联志》编纂委员会. 嘉丝联志[M]. 嘉兴：嘉兴印刷厂，1990：32.
2 《嘉兴丝绸志》编纂委员会. 嘉兴丝绸志[M]. 嘉兴：嘉兴印刷厂，1994：207-208.

嘉丝联茧库近景
来源：杨文睿摄影

嘉丝联茧库远景
来源：沈海涛摄影

20 世纪 80 年代农民踊跃卖茧
来源：梅晓民. 王店记忆：最大茧站在王店 [EB/OL].
(2019-03-12). https://mp.weixin.qq.com/s/gDoUr6cjHXWel-svoJ_Dlw.

年增长 11.3%。嘉兴蚕茧产量以年均 10% 的增幅持续上升。随之而来的是蚕茧仓库不足的矛盾日益凸显，部分干茧只能存放于收烘站等地，直接影响了干茧的保管质量和丝绸出口创汇。因此，20 世纪 90 年代初期，嘉兴丝绸工业公司拆除了于 20 世纪 30 年代建造、当时已成为危房的杉青闸老茧库，以及一幢 1000 平方米的危房与附属房屋，扩建了近 6000 平方米的蚕茧及丝绸成品仓库。

茧 库 的 作 用

　　蚕茧的储运一直是丝绸工业的一个重要环节，茧库的最大作用是储存蚕茧。民国以来，种桑养蚕逐渐成为嘉兴农家重要的经济来源，正如民谚所传，桑蚕是农民"造房子、娶娘子、育儿子"的重要经济来源。历史上，农户既缫丝又出售鲜茧，随着蚕茧收烘体制的演变，国家对蚕茧进行"统购统销"，农户逐渐以出售鲜茧为主，由供销社开设茧站统一组织收购，茧站、茧库也随之发展壮大。每年春季、秋季为蚕茧收烘的高峰期，农民摇着载满鲜茧的小船前往茧站卖茧，河埠头停满了远道而来的农船，茧站内吆喝声、司磅声、算盘声响成一片，好不热闹。每个乡、镇都设有茧站，茧站收取鲜茧后必须在两日之内进行烘茧，目的是将蚕茧里的蚕蛹烘干，以便运输和储存。50 多岁的沈玉根师傅年轻时曾在南湖茧站和真如茧站工作，他回忆道，永红丝厂（嘉丝联前身）来茧站交接会发印有丝厂名字的专用茧袋进行包装，大的茧袋足有一人多高，烘过的茧子经过干燥体积有所膨胀，要用脚踩才能把干茧装入茧袋，常常踩得脚又酸又胀。收茧人员会以出站检验质量为依据，以进仓过磅的重量为准，交接干茧，运至指定仓库[3]。

3　采访时间为 2022 年 9 月。

嘉丝联的"前世今生"

嘉丝联曾是全国规模最大的真丝针织一条龙生产企业，在嘉兴乃至全国丝绸业的历史上留下了浓墨重彩的一笔。

据《嘉丝联志》记载，企业最早可追溯到1926年。1926年，嘉兴南汇人蓬莱仙与通惠房产合作社、张六生等人合股投资10万元（银元为本位国币，即七钱二分银元为一元），在嘉兴县城北杉青闸的落帆亭旁建造缫丝厂，名为"福兴丝厂"，即嘉丝联前身。随着历史变迁，企业几经兴衰，经济性质几经变更，由私营、股份制变更为公私合营、地方国营。企业曾易名福兴丝厂、禾兴丝厂、协鑫丝厂、中国丝厂股份有限公司第一制丝厂（以下简称"中丝一厂"）、嘉兴缫丝厂、永红丝厂、嘉兴丝厂、嘉兴制丝针织联合厂、浙江金三塔丝针织集团公司。

企业在发展历程中曾取得令人瞩目的卓越成绩。在20世纪六七十年代更名为"永红丝厂"后，发展迅速、成绩斐然。作为国家全民所有制的大型骨干企业，嘉丝联曾是嘉兴家喻户晓的五大厂之一，闻名遐迩，为国家丝绸事业作出过卓越贡献。20世纪80年代中期，为了进一步扩大生产规模，做大做强，该厂引进了德国、意大利、日本等先进的大圆口机及配套设备，先后投资1588万元人民币，新建丝绸针织大楼。不久后，丝厂与丝针织厂合并为"嘉兴制丝针织联合厂"，形成了丝织产品、针织、染整、成衣一条龙生产线，成为国内最大的制丝针织联合厂。1986年，嘉丝联被浙江省人民政府评为省级先进企业。1987年、1988年都保持这一光荣称号。1988年产品自营出口，创建"金三塔"著名商标，至今名扬海内外。这是嘉丝联发展史上发展步伐最快、效益最好的时期之一，为嘉丝联谱写了光辉的篇章。值得一提的是，嘉丝联厂办的"金三塔"时装模特队曾经名噪一时，在全国模特大赛中获得团体冠军以及个人冠亚军的殊荣。该队不仅培养了吴培青等众多优秀的模特人才，还诞生了苏瑾这样的明星人物。苏瑾以模特身份崭露头角后踏入演艺圈，曾担纲主演电视剧《永不瞑目》的女主角欧庆春。令人遗憾的是，进入20世纪90年代后，该厂虽然表面形势良好，但实际上由于各种原因连续数年亏损，最终陷入濒临破产的境地。为了优化资本结构，企业于2001年5月依法申请破产，并由浙江嘉欣丝绸股份有限公司接手，重新组建了浙江嘉欣金三塔丝针织有限公司。部优级"金三塔"商标也归入他人公司旗下。

1994年4月，嘉兴市领导陪金庸先生参观嘉丝联自动化缫丝车间
来源：民间文史研究专家周荣先提供

嘉兴《光禾》建筑空间光雕秀成功首秀
来源：吕倩雯．在"红船精神"发源地赴一场光影盛宴 嘉兴《光禾》建筑空间光雕秀于昨晚正式亮相[EB/OL]．(2021-07-02)．http://newsxmwb.xinmin.cn/shizheng/csj/2021/07/02/31985534.html．

　　嘉丝联在嘉兴历经近百年风风雨雨，从创建到最后易主，有浮沉，有艰难，亦有辉煌……如今，嘉丝联茧库虽不再作为干茧仓储使用，作为老的工业遗存也蒙上了一层沧桑的面纱，但仍是嘉丝联和嘉兴丝绸发展的重要见证，同时也是嘉兴运河文化的重要组成部分。2021年7月2—5日，为庆祝中国共产党成立百年，在茧库上演了一场"茧库光雕秀"。在夜幕的衬托下，通过光雕秀的方式，两栋老建筑讲述着嘉兴运河文化以及与丝绸有关的"前世今生"。期待未来，这两幢老建筑能以不同的形式实现华丽的转身！

历史建筑 桥梁建筑及其他类

桥梁建筑，一般指跨越江河湖海、山洞等障碍物，供行人车辆顺利通行的人工构造物。嘉兴以其独特的地理环境和丰富的水系，孕育了众多风格各异、历史悠久的桥梁建筑。这些桥梁不仅是连接两岸的纽带，更是嘉兴历史文化的重要载体，承载着这座城市的过去与未来。其他类历史建筑，主要包括各类工程设施或构筑物等，它们虽然不属于传统的建筑类型，但也承载着嘉兴的历史记忆和文化特色。

桥梁建筑：连接历史与现在的纽带

嘉兴市的桥梁建筑主要包括拱桥、梁板桥等类型，每一种桥梁都有其独特的美学和结构特点。在嘉兴市区的历史建筑中，桥梁建筑类共计48处，它们在不同的年份被公布为历史建筑，每一处都是嘉兴桥梁建筑的杰出代表。

第一批（2010年）公布的15处桥梁建筑，见证了嘉兴从古至今的变迁与发展。第二批（2018年）公布的23处，

桥梁建筑和其他类历史建筑示意图（本图为位置示意，与实际尺寸不符）

第三批（2019 年）公布的 5 处，第四批（2020 年）公布的 3 处，以及第五批（2022 年）公布的 2 处，丰富了嘉兴的桥梁建筑群，展现了嘉兴不同历史时期桥梁和社会的发展与变化。

嘉兴作为著名的江南水乡，水道纵横交错，桥梁建筑资源十分丰富。这些桥梁建筑的建造方法和特色各异，可追溯到明清甚至更早的时代，具有极高的历史价值。它们如同一座座历史的丰碑，屹立在嘉兴的水乡之间，诉说着这座城市的辉煌与沧桑。对于这类历史建筑的保护和合理利用尤为重要。人们应当珍惜这些桥梁建筑，保护其原貌和特色，使其在新时代背景下继续发挥其独特的价值和作用。同时，也应该合理利用这些桥梁建筑，使其成为嘉兴文化旅游的重要组成部分，吸引更多游客来此感受嘉兴的历史文化。

其他类历史建筑：见证嘉兴变迁的记忆载体

其他类历史建筑共有 4 处，它们分别在第一批、第三批、第四批和第五批中各公布了 1 处。例如，民国辛亥革命烈士纪念塔，见证了嘉兴人民的革命精神和爱国情怀；原毛纺织厂的水塔，记录了嘉兴工业发展的历程；南湖区南湖街道东塔弄碉堡，承载着嘉兴历史的沧桑与变迁。这些建筑虽然风格各异，但都值得人们保护和珍惜。

让我们走近嘉兴的桥梁建筑和其他类历史建筑，感受它们的历史文化，领略它们的美学特色。

BRIDGES AND OTHER TYPES OF HISTORICAL BUILDINGS

壕股桥
——横跨环城河的交通要道

汤永净

壕股桥全景外观
来源：郑宏斌摄影

建筑名称　壕股桥
地　　址　嘉兴市南湖区建设街道城东社区环城东路东
建设时间　1933年，1950年重修，1968重建
设 计 师　1933年、1950年设不详，1968年为向欣荣、林志森、魏敦榜、吴曼
跨　　度　55.8米
建筑形式　三孔坦弧敞肩钢筋混凝土拱桥
发展演变　1933年始建，原名为"东城河桥"；
　　　　　1950年重修，更名为"南湖桥"；
　　　　　1968年重建，项目名称为"加兴县加平一号桥"，由建筑工程部华东市政工程设计院主持设计；
　　　　　1981年，更名为"壕股桥"；
　　　　　2019年，南湖区建设街道壕股桥被公布为嘉兴市区第三批历史建筑。

壕股桥，原名为"东城河桥"，建于民国二十二年（1933），横跨碧波荡漾的濠河之上，毗邻熠熠生辉的壕股塔。这座长55.8米的钢筋混凝土三跨拱桥，见证了嘉兴民国时期的兴衰，以及中华人民共和国成立之后的产业结构调整。让我们一同探寻这座具有"烟雨莽苍苍，龟蛇锁大江"气势的飞跨濠河两岸的壕股桥。

壕股桥的地理位置及由来

嘉兴是一座水城，八水汇流、运河环绕。环城河长6千米有余，据清光绪《嘉兴府志》记载，跨环城河有桥五座，民国时期，又建五座，壕股桥便是其中之一。根据建造时间的先后，壕股桥是跨环城河的第八座桥梁，位于嘉兴市南湖区建设街道城东社区环城东路东，与沪杭铁路20世纪70年代路线隔河相望，北邻穆家洋房，南依壕股塔。

原嘉北中心学校徐元观校长退休后长期从事嘉兴文化史研究，他的遗作《禾城百桥》[1]中记录了壕股桥建造和重修历程。壕股桥于1950年重修，更名为"南湖桥"；1981年，改名为"壕股桥"。壕股桥作为嘉兴环城河上的重要桥梁之一，记录了嘉兴城市发展的历史，寄托着嘉兴人的"乡愁"。2019年，被公布为嘉兴市区第三批历史建筑。

壕股桥北侧历史建筑标志牌
来源：沈海涛摄影

---
1 徐元观. 禾城百桥[M]. 嘉兴：浙江正方设计印刷公司，2019：13-14.

穆家洋房与壕股桥

巧的是，壕股桥[2]的选址毗邻嘉兴市著名建筑穆家洋房，虽不清楚当时壕股桥选址是否考虑穆家洋房的位置，但穆家洋房是壕股桥绕不开的话题。

根据民间传说，穆家洋房的缘起与沪上官绅穆湘瑶结识嘉兴船娘阿真的故事息息相关，这个故事也被后世津津乐道。据传，当年穆湘瑶来到南湖游玩时，结识了年轻漂亮的船娘阿真。穆湘瑶已年过半百，却被船家少女的青春美貌所吸引。19岁的阿真尚未婚配，两人还有昆曲这一共同爱好。因此，穆湘瑶便娶花季少女阿真为妾，

穆湘瑶
来源：叶加提供

并对她颇为宠爱。1929年，穆湘瑶在嘉兴东门城基路选中此地，为阿真建造了穆家洋房，一幢颇具艺术风格的三层楼别墅，供阿真居住。

据传，穆湘瑶亦十分喜欢此屋，闲时常常泛舟南湖，谈诗论文，享受湖光水色、人间绝景，以之为神仙居。穆湘瑶为阿真写有诗句"小名端合唤真真"，可以看出他晚年和阿真在南湖的这段快乐生活。穆湘瑶于1935年去世，阿真随后带着孩子到了穆氏的无锡老家。

虽然民间故事传得煞有介事，但是阿真的嘉兴后人提及，阿真其人并非船娘实乃富家小姐，曾赴上海读书，与荣毅仁为同学。关于这部分内容还有待考证。

穆家洋房的历史大致清晰，但与壕股桥的渊源仍有诸多谜团尚未解开。虽说壕股桥是因平嘉公路而建，但其建桥位置距穆家洋房主入口仅约20米，是否征求过穆家同意？或是那个年代穆家因需要解决交通问题而提出建桥建议？更有传，为造壕股桥，穆家洋房的裙楼被拆，具体因由也有待进一步调查核实。这些未解之谜也为壕股桥的历史增添了更多色彩和故事。

---

2 根据长三角（嘉兴）历史建筑保护研究中心顾问赵冠雄提供的信息，壕股塔位于南门老汽车站对面的河对面，偏东，在沪杭铁路北侧，地势较低。塔的东南方约20米处有一座单孔石拱桥，类似于秀成桥，但规模较小，几乎没有水流经过（该地曾是砂石堆放地，砂石填平了河道），这座桥名为"壕股桥"，桥的南侧是铁路。该桥约在1967年被拆除，记忆中桥的石材为花岗岩。

在嘉平公路与沪杭铁路平交道北侧"警戒"的联队哨兵（其背后为穆家洋房）
来源：岳钦韬，嘉兴市政协学习和文史资料委员会．嘉兴抗战影像[M]．北京：当代中国出版社，2017：99．

1937年后，穆家洋房被日本人占用。1949年后收归国有。1947年3月至1951年9月曾作为嘉兴邮局用房[3]。而后，邮政局迁至芝桥南（今勤俭路）。据周边居民介绍，2022年6月，移居海外的穆家后人曾在穆家洋房前拍摄纪录片，可以想象，或许纪录片中讲述了更多关于壕股桥的故事。

壕股桥及两岸的变迁

回顾壕股桥的历史，可以看到，先有穆家洋房，后建壕股桥，而后又有了桥对面那座白色园林式的围墙。2019年之后，沿着桥边修建了仿古长廊及运河健身道。壕股桥与老屋、围墙、廊道、健身道、小河以及绿茵草地融为一体，相得益彰，共同构成一幅美丽的景观。平日里，人们可以在长廊中或坐或卧，聊天观景，也可以在老屋前野餐，亲近自然，享受宁静的时光。这样的场景，不仅是城市中的一处宁静角落，更是人们心灵的避风港，让人们在喧嚣的都市中找到片刻的安宁和惬意。

壕股桥
来源：沈海涛摄影

3　嘉兴市南湖区古城志编纂委员会．嘉兴古城志[M]．北京：方志出版社，2022：232．

据徐元观先生的《禾城百桥》记载，初建的壕股桥在穆家洋房西南角处，为木结构桥梁，长13.5米，宽7.74米。1950年重修，1969年开挖长水塘时重建为水泥桥，承重13吨，挂60吨，并改名为"南湖桥"。1981年更名为"壕股桥"。根据嘉兴市住房和城乡建设局提供的资料，该桥于1968年12月由建筑工程部华东市政工程设计院重新设计，保留了1950年重建时的桥墩木桩基础和建筑风格。桥全长55.8米，总宽7米（桥墩总宽8米），为三跨空腹拱券钢筋混凝土桥，也称"圬工桥"。主跨21.1米，两个次跨各为17.4米。这些具体的数据和历史资料，提供了更清晰的壕股桥建造历史和技术参数。

两位自小就在桥边长大，现在仍然居住在桥附近的居民，赵志钢（1962年生）和赵冠雄（1953年生），确认了1960—1966年间壕股桥的存在。该桥曾经是供行人、非机动车和机动车通行的重要公路桥梁。那时，跨环城河的桥很少，市民从环城河内到环城河外的嘉兴火车站，甪里街上的冶金机械厂、民丰造纸厂，南湖边的绢纺厂和毛纺厂都可经过壕股桥抵达。由于东桥堍临近铁路平交道，通常人们推着自行车过桥，铁路道口有铁路局的值班室及火车通过时的栏杆，等待火车过后的栏杆抬起，自行车再穿过铁路。该桥也是市区通往新丰、平湖、乍浦的主要通道之一。

从环城河内的城区通过壕股桥，穿过铁路即可遇见静静的湖面，俗称"小南湖"。这里是休闲的好去处。在秋天，孩子们会在路边捉蟋蟀；而在夏天，他们则会追逐知了的鸣声，有时还会到湖边钓鱼……这些场景生动地展现了壕股桥曾经在连接环城河内外的重要交通枢纽中发挥的作用。

2000年后，嘉兴市相关设计和施工单位对壕股桥以及两岸进行景观改造。新的桥面板、栏杆、设置在桥体上的跨河市政管道，明显区别于临近壕河上的其他桥梁，其南立面上可见醒目的"壕股桥"字样，展现了壕股桥独有的风格。为满足铁路列车提速的要求及保证人民生命财产的安全，嘉兴市人民政府与杭州铁路分局于2001年7月30日签订了"沪杭铁路K110+727道口（壕股桥道口）及沿线部分人行国道改造协议"，决定于2002年10月31日前拆除铁路交叉平交道。取而代之的是桥北面新设的下穿铁路的隧洞，目前K110道口东南侧一片空闲林地已纳入南湖。壕股桥南北两面已建成承载能力大的紫阳桥和中山东路桥，替代了壕股桥原有的机动车的通行。现在的壕股桥禁止机动车通行。

如今，壕股桥下、濠河岸边，水中塔影婆娑，岸边绿树成荫，行人穿桥而过，一派宁静、秀丽、和谐的景象。壕股桥经历了诸多变迁，发挥过重要

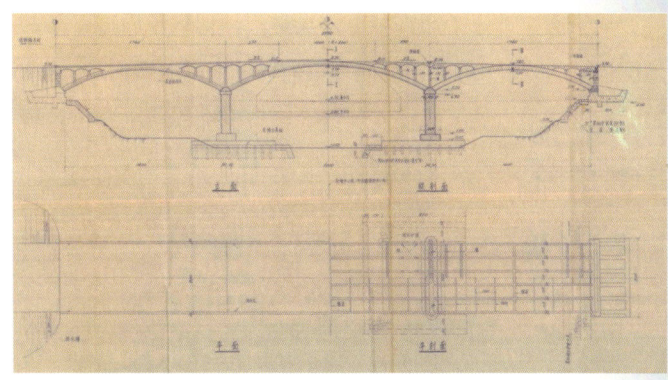

壕股桥立面和纵剖面设计图
来源：嘉兴市住房和城乡建设局提供

桥身南面正中央的"壕股桥"字样
来源：沈海涛摄影

取代原沪杭铁路平交道的下立交出入口
来源：沈海涛摄影

壕股桥远景
来源：郑宏斌摄影

的交通功能，见证了嘉兴城市建设过程，记载了周边百姓的生活，也留下了值得传承的故事。壕股桥如同环城河项链上的一颗明珠，与其他17座桥一起，串联成了嘉兴市城区的精美项链。漫步在壕股桥上，仿佛置身于巴黎塞纳河畔，流连其中，颇有一番别样的情怀。

壕股桥的保护

嘉兴以水多桥多而闻名，壕股桥因位于环城河东侧，曾经扮演了重要的交通枢纽角色。保护历史建筑需要在传承中实现，以便让更多年轻人了解这座城市的历史。2022年8月12日，同济大学伍江教授在讨论近代建筑时指出："历史文化既是社会共同的精神依托，也是经济发展的最终竞争力所在，最大限度地保护好城市的历史文化遗存既是现代化的题中之义，也是对后代的负责。"因此，进一步挖掘壕股桥的价值，并合理利用它，是保护这座历史桥梁的有效途径。

近年来，嘉兴市人民政府十分重视壕股桥的保护，并将其纳入嘉兴市城市保护规划之中。在精心养护壕股桥的同时，还对壕股桥的周边环境进行了有效整治，使壕股桥焕发出青春活力。在此，谨用诗一首感叹壕股桥的荣辱兴盛史，并展望未来。

壕股桥上壕股名，桥畔风景胜似春。
历史悠久铸文化，文物宝贵入史册。
三拱相连气势雄，车轮通行马嘶鸣。
历经岁月留痕迹，见证历史发展程。
桥畔绿树成荫凉，石栏杆前望水中。
沐浴阳光与雨露，岁月静好如歌声。
壕股桥啊壕股桥，承载历史向前行。
桥畔风景迷人眼，嘉兴城市愈繁荣。

辛亥革命烈士纪念塔
——熊熊光明火,拳拳赤子心

宁云靖　李慧婷

辛亥革命烈士纪念塔全景

建筑名称　辛亥革命烈士纪念塔
地　　址　嘉兴市南湖区解放街道城东路人民公园内
建设时间　1986年11月始建,1987年4月竣工
设 计 师　嘉兴市人民政府委派
面　　积　约2.83平方米
建筑形式　三级式八角形水泥实心纪念塔,外形似灯塔
发展演变　1925年5月12日,褚辅成、计宗型、陆初觉、方於言、范古农等乡贤发起辛亥革命七烈士公祭;
　　　　　1931年,择址中山公园,原名为"辛亥革命七烈士纪念塔";
　　　　　1979年,因建南湖饭店,塔被拆除;
　　　　　1986年11月,塔移址重建在人民公园;
　　　　　1987年4月3日,纪念塔在嘉兴市人民公园重建竣工,更名为"辛亥革命烈士纪念塔";
　　　　　2009年10月,嘉兴市人民政府于纪念塔旁立辛亥革命嘉兴七烈士纪念墙;
　　　　　2010年,民国辛亥革命烈士纪念塔被公布为嘉兴市区第一批历史建筑。

清朝末年，政治腐败，清政府对外签署了一系列丧权辱国的不平等条约，中华大地岌岌可危。生死存亡的关头，大江南北的仁人志士不顾个人安危，挞伐帝制，倡言共和，掀起了一场风云激荡的辛亥革命。1911年10月10日，武昌起义炮响，辛亥革命拉开序幕。嘉兴籍志士在这场历史性的变革中前赴后继，其中有唐纪勋、敖嘉熊、徐小波、姚麟、陈仲权、王维忱、龚宝铨等人，或以身殉革命，或积劳成疾辞世，时称"辛亥七烈士"。为了永远铭记这些英雄，嘉兴市建立了一座辛亥革命烈士纪念塔。

辛亥革命烈士纪念塔位于嘉兴市人民公园内，是一座三级式八角形水泥实心纪念塔，底部直径0.7米，塔高14.5米。外形似灯塔，塔身笔直而庄严，仿佛是历史的守望者。深灰色的塔身，在不同光照下展现出独特的光泽。周围是茂密的绿树和静谧的草地，构成了一个安静而庄重的空间，使人不由自主地放慢脚步，沉浸在这段悠久历史的回响中。

塔，作为一种独特的建筑类型，形态不一、功能多样，可分为纪念塔、钟塔、灯塔和瞭望塔等。这些塔形建筑不仅外观引人注目，带来视觉冲击，更承载着深远的象征意义。辛亥革命烈士纪念塔正是如此，其宏伟的外观象征着烈士们的崇高和不朽，塔身高耸，仿佛在述说那段波澜壮阔的历史。选择建塔而不是立碑，或许有其独特的考量。纪念塔的高度象征着烈士们的崇高精神和不朽功绩，正契合辛亥革命烈士的英雄形象。高高耸立的塔身在城市空间中尤为醒目，周围绿树成荫仍不被遮挡，从而更好地发挥着纪念和教育功能。

辛亥革命烈士纪念塔自建成以来，历经移址和重建，塔的形态已成为纪念活动的重要传统，承载着革命精神的传承。这座塔不仅是对七位烈士的纪念，更是对辛亥革命精神的传承。它的存在提醒着我们，曾有这样一群人，他们为了国家的未来和中华民族的思想解放而不惜牺牲自己。纪念塔周围的每一砖每一石，似乎都在诉说着那段可歌可泣的岁月，让每一个来此的人都能感受到那份坚定的信念和不屈的精神。这些历史记忆使纪念塔成为生动的集体精神遗产，流传在人们心中。

据历史文献记载，纪念塔的设计和建造经过了详尽的研究和规划，几经重建。1925年5月12日，褚辅成、计宗型、陆初觉、方於言、范古农等乡贤发起了对嘉兴籍辛亥革命七烈士的公祭活动。1931年，褚辅成、陆初觉等乡贤择址嘉禾第一桥西堍筑"辛亥革命七烈士纪念塔"，环绕塔建起中山公园，使更多人了解到嘉兴在辛亥革命中扮演的重要角色。1979年，公园改建为南

辛亥革命嘉兴七烈士纪念塔
来源：沈海涛摄影

辛亥革命嘉兴七烈士纪念墙（左起：唐纪勋、陈仲权、龚宝铨、敖嘉熊、徐小波、王维忱、姚麟）
来源：沈海涛摄影

湖饭店时，纪念塔不幸被拆除。直至1986年11月，在嘉兴市人民政府和民间广泛支持下，纪念塔移址重建于人民公园。设计者和建造者深入研究了历史资料和烈士生平，在现代化设计中融入了传统元素，既展现了辛亥革命的历史意义，也体现了新时代的精神。经过半年的努力，1987年4月3日，新塔竣工，更名为"辛亥革命烈士纪念塔"，塔身刻有我国著名爱国民主人士、政治活动家屈武题写的"辛亥革命烈士纪念塔"塔名，并刻有塔记。辛亥革命烈士纪念塔的设计和重建过程成为了嘉兴人民共同的记忆与骄傲。

2009年10月，辛亥革命百年之际，嘉兴市人民政府在纪念塔旁增建了辛亥革命嘉兴七烈士纪念墙，墙侧立有题记。纪念墙整体采用灰色基调的青砖、青瓦建造，正面为七烈士的浮雕群像，背面为七烈士生平。纪念墙不仅描绘了烈士们在辛亥革命时期的形象，还刻画了他们的生平，为后人提供了一个更为直观的了解途径。纪念墙的建立，是对历史记忆的进一步强化，也是对革命精神的继续传承。

七位烈士的出生年份颇有差距，人生境遇也大不相同，却都不约而同地为辛亥革命前赴后继。他们分别是：辛亥革命先行者唐纪勋，以光明之火照亮黑暗大地的志士敖嘉熊，革命荆棘路上的孤独游侠龚宝铨，以身殉职的忠义护卫徐小波，以萤萤火光铸巍巍志向的烈士姚麟、陈仲权和王维忱。

奋勇前行的革命先驱

纪念墙最左侧的是革命烈士唐纪勋（1856—1907），出生于嘉兴新丰镇竹林庙官宦世家。光绪十六年（1890）为嘉兴县候选训导，重视教育。

甲午战争后，他转向新学，主张维新变法，成为嘉兴最早传播西方思想的革命先行者。他与敖嘉熊合作创办"学稼公社"，主张采用新的科学技术和管理方法发展农业[1]。其间，坚持以"实事求是为旨"[2]，为农民讲授农业知识的同时也亲身实践，农田"吐穗倍长，著粒肥密，常有200余粒至300粒，其获可倍"[3]。1900年，他创办竹林启蒙书塾，致力于启迪民智。1907年去世，被列为嘉兴辛亥革命七烈士之一。他的教育和农业改革实践为嘉兴革命事业奠定了基础，影响深远。

驱散黑暗的光明之火

"这世界太黑暗，我要以光明之火，照亮黑暗大地。[4]"因为对清政府的憎恶，他白天行走在大街上也会打着灯笼，被陶成章称为"浙江革命原动力第一人"，他便是敖嘉熊。

敖嘉熊（1874—1908），字梦姜、孟疆，又字咸愚，嘉兴人。他生性豪迈，具有开拓变革精神，是辛亥革命嘉兴筹备人之一。1899年，敖嘉熊参与创办里仁乡"学稼公社"，推广新式农业。1900年，义和团运动爆发后，受反帝爱国思潮影响，敖嘉熊参加多个革命组织。1908年，敖嘉熊因革命活动被害[5]。他的牺牲是嘉兴革命事业的一大损失。为此，他的忠义护卫徐小波自责不已。生于1879年的徐小波是浙江瑞安人，自幼学得一身武艺。1904年，到上海传授技艺，后成为敖嘉熊的护卫。1908年，敖嘉熊去世后，徐小波最终追随殉职。他的忠诚和勇敢感人至深，也被列为嘉兴辛亥革命七烈士。

敖嘉熊、徐小波终其一生都在为革命事业奋斗，尽管他们生前没能见到腐朽的清王朝被推翻，没能看到统治中国几千年的封建专制制度被终结，但

---

1 《嘉兴市志》编纂委员会. 嘉兴市志 [M]. 北京：中国书籍出版社，1997：2084.
2 何志荣. 唐纪勋与学稼公社 [EB/OL]. （2012-04-18）. http://www.jiaxing.cc/Article/jiahemingshi/2012/041U5201255.html.
3 何志荣. 学稼公社：新丰农村一次晚清革新 [EB/OL]. （2019-08-25）. https://mp.weixin.qq.com/s/ufV72TUxfBbQ5F9tTYUfXQ.
4 《嘉兴市志》编纂委员会. 嘉兴市志 [M]. 北京：中国书籍出版社，1997：2084.
5 《嘉兴市志》编纂委员会. 嘉兴市志 [M]. 北京：中国书籍出版社，1997：2085.

他们矢志不移的爱国情怀，为身处动荡、黑暗的人们带来了光明和希望，为民族复兴作出了不朽贡献。

荆棘路上的孤独游侠

在纪念墙上毗邻敖、徐两位烈士的则是光复会发起人龚宝铨（1886—1922），字未生，浙江秀水（今嘉兴）人，出身医学世家。在他的故居，现存的遗物和记载成为人们了解这位烈士的窗口。

龚宝铨故居位于油车港镇马厍汇17号（今宝铨路41号），朝东一进为二层楼，临街为中药店铺，旧名"同善堂"，西边则是当年生活起居地[6]，约建于清同治年间（1862—1874），是一座古朴典雅的江南民居。如今的龚宝铨故居有前室、第一展示室、第二展示室、龚氏药房展示室、龚氏实物展示室五个展示室，保存着龚宝铨的生平史料。

龚宝铨
来源：油车港镇社会事务办（文化站）提供

龚宝铨早年留学日本，曾参与多个革命团体。1904年，与蔡元培、陶成章等创立光复会。1905年，他与陶成章、徐锡麟等建立绍兴大通学堂。在投身革命事业之余，龚宝铨对文化传承也作出了贡献。在留居日本期间，他曾介绍鲁迅、周作人、钱玄同等人听章太炎的国学讲座，在章太炎与鲁迅为代表的章门弟子间架起了一座新旧文化转型的桥梁。1912年后，他致力于浙江的教育和文化事业，担任浙江图书馆馆长，推动图书的保藏和传播。其间，刊印章太炎的《章氏丛书》[7]，为传承和推广章太炎学术和革命精神以及浙江近现代学术文化作出了重要贡献。

章太炎在《龚未生事略》中回望了其长婿龚宝铨的一生："未生少年慷慨，顾不甚循礼法，壮而失意，偶听人说佛典，深自悔，由是戒杀持素，读佛藏经论，能解大义。[8]"1922年，龚宝铨因肺病去世，享年36岁。他在短暂的一生中，

---

6 嘉兴市纪委市监委. 追寻光复中华的印迹 [EB/OL]. （2021-11-21）. https://www.zjsjw.gov.cn/zhuantizhuanlan/qinglianwenhua/qingfengzhilv/202110/t20211012_4864352.shtml.
7 《嘉兴市志》编纂委员会. 嘉兴市志 [M]. 北京：中国书籍出版社，1997：2089.
8 章太炎. 龚未生事略 [J]. 华国月刊，1923，2（1）.

龚宝铨故居
来源：沈海涛摄影

不仅是革命的积极参与者，也是文化传承的重要推动人，展现了革命者的坚定信念和无私奉献精神。

铸就巍巍志向的点点萤火

在民族生死存亡之际，嘉兴仁人志士为了心中理想前赴后继，不仅有唐纪勋、敖嘉熊、徐小波、龚宝铨，还有姚麟、陈仲权、王维忱等志士尝试以萤萤火光铸巍巍志向。为启迪民思与探索复兴之路，他们勇往直前，先后殉身于辛亥革命事业，用生命书写了"亦余心之所善兮，虽九死其犹未悔"的先贤志向。

姚麟（1869—1909），字定生，懋甫，嵊县清末秀才。戊戌政变后投身教育事业，担任绍兴大通学堂总理，积极参与革命活动。他与褚辅成、敖嘉熊并肩战斗，最终于1909年殉道。姚麟的教育和革命活动对启迪民智、推动革命起到了重要作用，是辛亥革命的重要参与者。

陈仲权（1880—1915），又名陈以义，嘉兴新篁人。1904年留学日本，先后结识孙中山、黄兴等，1905年加入同盟会。后与邹宏宾同返浙江办学，从事革命活动。1912年11月，赴沪洽请孙中山莅临嘉兴演讲。后加入倒袁斗争，失败后流亡日本，不久后秘密返上海。1915年11月，陈仲权被袁世凯指使之人下毒[9]，身亡时年仅35岁。陈仲权在短暂人生中为革命竭尽全力的精神，将永远铭记于史册。

---

9 《嘉兴市志》编纂委员会. 嘉兴市志[M]. 北京：中国书籍出版社，1997：2085-2086.

王维忱（1875—1922），又名家驹，嘉兴人，早年留学日本，曾参与多个革命团体，宣传革命理念。参加长沙起义后继续革命事业[10]，后因劳累和伤病去世，公祭为烈士。王维忱为辛亥革命和教育事业作出了重要贡献，是辛亥革命中的杰出代表。

烈士们虽然经历各异，但他们怀着共同的理想，义无反顾地投身革命，成为时代先锋。在这段激荡的历史中，他们燃烧着心中的正义之火，为民族谋未来，不仅是嘉兴的骄傲，也是整个民族的英雄。

复 兴 与 发 展 之 路

辛亥革命是中华民族伟大复兴征程上一座巍然屹立的里程碑，极大促进了中华民族的思想解放，传播了民主共和的理念，打开了中国进步潮流的闸门，为实现中华民族伟大复兴探索了道路。辛亥七烈士心向光明的萤萤火光在历史的黑夜中交相辉映，汇聚成了复兴中华的巍巍志向。他们的无私奉献和英勇牺牲，不仅映照了嘉兴的英勇往昔，也如同一颗火种，在全国范围内传扬。嘉禾儿女投身革命的故事，经过历史考证和珍贵的档案记录，被铭刻在辛亥革命的历史丰碑之上。纪念塔，不再只是一座冰冷的石头建筑，而是坚韧与不朽的象征，是一座承载着辛亥革命光辉精神的高塔。七烈士与纪念塔呼应，犹如星火相连，共同书写了嘉禾革命的传奇篇章，值得永远铭记。

斗转星移，如今的辛亥革命烈士纪念塔不仅是历史的见证，也是嘉兴人民缅怀革命先烈、传承红色精神的重要场所。每年清明节，嘉兴市民都会自发前来缅怀辛亥革命烈士，通过献花、朗诵革命诗歌、参观纪念墙上的浮雕群像，接受爱国主义教育。嘉兴的青年学生也会在此开展诸如"缅怀先烈志，共铸中华魂"的主题教育活动，通过重温七烈士的英勇事迹，汲取智慧和精神力量，增强使命感和责任感。这些活动不仅让学生们在学思践悟中进一步坚定理想信念，还激励着他们继往开来，在奋发有为中践行初心使命，为实现新时代的奋斗目标而努力！

---

10 《嘉兴市志》编纂委员会. 嘉兴市志 [M]. 北京：中国书籍出版社，1997：2088-2089.

附录

我的一点随想

历史建筑作为历史文化遗产的重要组成部分,是城市的一张文化名片。建筑镌刻着一座城市的历史,记载着岁月的变迁,承载着人们的精神追求,留下了珍贵的文化记忆,也让人们记住了乡愁。

嘉兴是中国历史文化名城,历史悠久,文化底蕴深厚。嘉兴是新石器时代马家浜文化的发祥地,马家浜文化是江南文化之源,有着7000多年的文明史。嘉兴有2500多年的文字记载史。自三国吴时期筑城以来,已有近1800年的建城史。春秋时期,嘉兴地跨吴越,吴根越角,崇文厚德。千年大运河穿境而过,嘉兴因水而兴。宋元时期,嘉兴文化尤其繁盛。明清时期,嘉兴已发展成"浙西首藩""江东一都会"。在吴越文化、运河文化等熏陶下,孕育了嘉兴物华天宝、人杰地灵,形成了灿烂的历史文化,也造就了丰富的历史建筑。

据有关部门统计资料,除各级文物保护单位和文保点外,嘉兴市本级现有历史建筑164处,嘉兴全市共有历史建筑690处,可谓丰富多彩。然而这些历史建筑却鲜为人知,普通群众并不了解它的前世今生,不知道它在历史上曾经起过的作用和现今的价值,更缺乏对城市发展历史的认知。

鉴于此,长三角(嘉兴)历史建筑保护研究中心,从嘉兴现存历史建筑中选取20处作为研究对象,对这些不同类型、各具特色的建筑进行系统梳理与分类分析,厘清建筑的文化脉络,深入挖掘其背后的历史、文化及人文故事,回顾城市发展的历史。通过他们的艰苦工作和辛勤付出,编撰成《青砖黛瓦忆嘉禾:嘉兴历史建筑文化解码》,填补了嘉兴历史建筑研究的相关空白,同时也增强了历史建筑的影响力,加大了对历史建筑的保护力度。这对讲好嘉兴故事,打造嘉兴的文化名片,推动优秀传统文化的传承和发展,坚定文化自信,都具有很好的推动作用。

在此书即将付梓之际,我表示由衷敬意和祝贺!

吴齐正
著名桥梁专家

品读《青砖黛瓦忆嘉禾：嘉兴历史建筑文化解码》

作为嘉兴地方文史爱好者，拿到《青砖黛瓦忆嘉禾：嘉兴历史建筑文化解码》，如获至宝。我细细品读，被其深深吸引，书中不仅展示了家乡历史建筑自身的美和价值，更体现了长三角（嘉兴）历史建筑保护研究中心教授和老师们热爱嘉兴历史建筑的深厚感情。这是他们对嘉兴的历史建筑进行广泛调查、深入研究后，从学术高度挖掘、剖析、总结归类的结晶，其研究成果具有一定的代表性和独特的价值，能为政府有关部门在城市文化复兴、城市规划建设、城乡历史建筑保护开发等决策中提供参考。在新时代、新的文化背景下，这本书让我们在日常生活中，接触、了解历史建筑曾经主人的生活，追寻历史建筑在城市发展过程中所起到的作用，展示着嘉兴城市发展的历史……

现存众多珍贵的历史建筑，成为国家历史文化名城嘉兴最直接的记忆和载体。2010—2022年嘉兴市公布了第一批至第五批历史建筑，主要分为公共、居住、生产、桥梁及其他历史建筑类别，这些历史建筑保存状况存在着天壤之别，有的在新时代焕发了生机，有的则在风雨中飘摇日渐衰败。更加可惜的是，很多人对这些历史建筑所蕴含的历史、文化意义了解甚少。为此，长三角（嘉兴）历史建筑保护研究中心在研究中，挖掘并传播嘉兴历史建筑的人文故事，扩大历史建筑的影响力，呼吁历史建筑在得到保护的前提下，更好地活化利用，这样的责任担当尤为珍贵，值得我们学习。

20篇文章，20个历史建筑故事，朴实无华的语言，直观亲切的回忆，图文并茂，带我们走进嘉兴城乡的古街幽弄，粉墙黛瓦，深刻地还原和展现了深厚的江南水乡城镇风貌，融合了嘉兴的名人文化、稻作文化、蚕桑文化、运河文化的内涵，填补了嘉兴历史建筑文化的相关空白，激起我们对家乡历史建筑的关注，自觉地保护、研究和宣传。

静静回眸，历史建筑蕴含的人文故事意趣盎然，凝聚着先人的智慧，见证古城历史文化和商贸的兴盛，也是禾城文化复兴中闪亮的名片。建筑是凝固的诗篇，让我们细心寻找，用心发掘，共同感悟历史建筑曾经的传奇沧桑，感受当今历史建筑保护的物化担当，这是城市历史脉搏中优雅琴弦，江南水城柔美动情的亮丽风景，折射出嘉兴历史文化名城万千建筑中的点点浪花，熠熠生辉。

董雄
嘉兴市文史研究馆馆员

读《青砖黛瓦忆嘉禾：嘉兴历史建筑文化解码》有感

读了《青砖黛瓦忆嘉禾：嘉兴历史建筑文化解码》一书20篇文章后，要感谢长三角（嘉兴）历史建筑保护研究中心各位老师的努力。他们花费了巨大的心血和时间，经过对嘉兴现存的历史建筑（含桥梁等）的实地考察，采访了相关老嘉兴人员，在嘉兴的图书馆、博物馆、档案馆等都留下了他们的足迹和辛勤的汗水。成文后，又花费了巨大的心血进行了多次修改和补充。这一切说明了他们对历史建筑认真负责的态度，值得大家学习。

《青砖黛瓦忆嘉禾：嘉兴历史建筑文化解码》一书的推出对嘉兴这座国家历史文化名城、嘉兴红色文化的传承和发扬，以及嘉兴历史建筑的保护具有重要意义。

面对嘉兴众多的历史建筑，有的已有几千年的历史，仍然矗立，我们是否能发掘其内在的建筑构造、建筑经验和内涵以供现代建筑参考呢？

赵冠雄
文史爱好者

嘉兴市区第一批历史建筑名单（2010年）

序号	名称	地址	备注
1	中和街 47 号民宅	建设街道瓶山社区中和街 47 号	—
2	南杨新村 33 号民宅	建设街道南杨社区南杨新村 33 号	—
3	武警医院住院三部	南湖街道南湖路武警医院内	—
4	嘉兴南湖高级中学校舍	南湖街道南湖社区	—
5	中基路 59 号民宅	新嘉街道月河街区中基路 59 号	—
6	坛弄 16 号民宅	新嘉街道月河街区坛弄 16 号	—
7	高照粮站仓库群	高照街道高桥社区	3 幢
8	嘉兴军分区干休所别墅楼	建设街道紫阳社区紫阳街 173 号	6 幢
9	东栅卢氏民宅	东栅街道化东社区东栅大街 184 号	—
10	东栅石氏民宅	东栅街道化东社区东栅针织厂内	—
11	流长弄许氏民宅	东栅街道东栅大街流长弄 64 号	—
12	汉塘弄张氏民宅	东栅街道化东社区汉塘弄 8—9 号	—
13	坛弄 23 号	新嘉街道月河街区坛弄 23 号	—
14	嘉兴老邮电大楼	建设街道勤俭路 721 号	—
15	干戈弄 7 号邮电局宿舍	建设街道干戈弄 7 号	—
16	朝东埭 32 号民宅	新嘉街道月河街区朝东埭 32 号	—
17	朝东埭 26 号民宅	新嘉街道月河街区朝东埭 26 号	—
18	朝东埭 22 号民宅	新嘉街道月河街区朝东埭 22 号	—
19	朝东埭 16 号民宅	新嘉街道月河街区朝东埭 16 号	—
20	朝东埭 6—12 号民宅	新嘉街道月河街区朝东埭 6—12 号	—
21	小小坛弄 3 号民宅	新嘉街道月河街区小小坛弄 3 号	—
22	小小坛弄 4 号民宅	新嘉街道月河街区小小坛弄 4 号	—
23	桥东街马氏民宅	解放街道秋泾桥社区桥东街 8—10 号	—
24	桥东街李氏民宅	解放街道桥东街 6 号	—
25	宣公路 8—11 号民宅	解放街道虹阳社区宣公路 8—11 号	—
26	宣公路 12—13 号民宅	解放街道虹阳社区宣公路 12—13 号	—
27	宣公路二弄 4—8 号民宅	解放街道虹阳社区宣公路二弄 4—8 号	—
28	南湖路小洋楼	南湖街道南湖路	—
29	月河大昌当铺	新嘉街道月河中基路 101 号	—
30	月河中基路 110 号民宅	新嘉街道月河中基路 110 号	—
31	月河中基路 163—197 号民宅	新嘉街道月河中基路 163—197 号	7 幢
32	月河南廊下 43 号民宅	新嘉街道月河南廊下 43 号	—
33	月河杜鹃弄 45 号民宅	新嘉街道月河杜鹃弄 45 号	—
34	月河杜鹃弄 23 号民宅	新嘉街道月河杜鹃弄 23 号	—

续表

序号	名称	地址	备注
35	月河蒲鞋弄38号民宅	新嘉街道月河蒲鞋弄38号	—
36	月河蒲鞋弄39—41号民宅	新嘉街道月河蒲鞋弄39—41号	2幢
37	月河蒲鞋弄44号民宅	新嘉街道月河蒲鞋弄44号	—
38	月河蒲鞋弄11—35号民宅	新嘉街道月河蒲鞋弄11—35号	5幢
39	月河蒲鞋弄26—32号民宅	新嘉街道月河蒲鞋弄26—32号	3幢
40	月河端午民俗体验馆	新嘉街道月河端午民俗体验馆	—
41	月河坛弄99号民宅	新嘉街道月河坛弄99号	—
42	月河坛弄57号民宅	新嘉街道月河坛弄57号	—
43	月河坛弄78—80号民宅	新嘉街道月河坛弄78—80号	—
44	月河抱月埭2号民宅	新嘉街道月河抱月埭2号	—
45	月河抱月埭8号民宅	新嘉街道月河抱月埭8号	—
46	月河中基路77号民宅	新嘉街道月河中基路77号	—
47	芦席汇解放路238号民宅	解放街道芦席汇解放路238号	—
48	芦席汇解放路226—22号民宅	解放街道芦席汇解放路226—228号	—
49	芦席汇解放路224号民宅	解放街道芦席汇解放路224号	—
50	芦席汇解放路208—21号民宅	解放街道芦席汇解放路208—210号	—
51	梅湾街徐诒谷堂	建设街道梅湾街	—
52	嘉兴旅馆	建设街道勤俭路309号	—
53	民国辛亥革命烈士纪念塔	解放街道城东路人民公园内	—
54	南湖革命纪念馆（老馆）	南湖街道南湖路	—
55	王家桥	城南街道八字桥村	—
56	怀昌桥	城南街道杨林桥村	—
57	张家桥	解放街道凌塘社区	—
58	桥东街乌桥	解放街道秋泾桥社区	—
59	月河便民桥	新嘉街道月河社区	—
60	陶家桥	塘汇街道茶香坊社区	—
61	步云桥	塘汇街道新禾家苑社区	—
62	塘桥	塘汇街道塘汇社区	—
63	庆寿桥	新城街道九里村	—
64	南云桥	新城街道九里村	—
65	境安桥	新城街道九里村	—
66	卜家桥	新城街道九里村	—
67	白老鼠桥	新城街道木桥港村	—
68	长兴桥	新城街道木桥港村	—
69	万兴桥	嘉北街道顾家浜村	—

嘉兴市区第二批历史建筑名单（2018年）

序号	名称	地址	备注
1	张百子桥	嘉兴经济技术开发区长水街道长新公寓南	—
2	义圣王桥	嘉兴经济技术开发区长水街道义圣名苑小区内	—
3	厚生丝织厂旧址	嘉兴经济技术开发区塘汇路849号南洋职业技术学院内	—
4	马路桥	秀洲区塘汇街道锦绣社区昌盛路南	—
5	嘉兴老农校	南湖区解放街道广播电视大学内	—
6	石油机械厂	南湖区东栅街道吴泾路48号	—
7	姚庄路1号民宅	南湖区姚庄路1号	—
8	三星村刘家祠堂	南湖区凤桥镇三星村16组	—
9	联丰村大马鸣桥	南湖区凤桥镇联丰村2、3组	—
10	联丰村小马鸣桥	南湖区凤桥镇联丰村3、4组之间	—
11	庄史村众安桥	南湖区凤桥镇庄史村37组	—
12	兴善寺香花桥	南湖区凤桥镇新民村关帝庙南侧	—
13	新民村张施桥	南湖区凤桥镇新民村7组	—
14	联丰村於家塘桥	南湖区凤桥镇联丰村15组	—
15	姚家弄9号姚氏民居	王江泾镇王江泾社区姚家弄9号	—
16	寨基浜33号姚氏民居	王江泾镇王江泾社区寨基浜33号	—
17	王江泾老医院	王江泾镇闻川社区一里街126号	—
18	堂楼弄7号民宅	王江泾镇闻川社区一里街北堂楼弄7号	—
19	一里街137号民宅	王江泾镇闻川社区一里街西	—
20	油车港镇开关厂厂房旧址	秀洲区油车港镇澄溪村港南大街	—
21	西木桥弄北粮仓	秀洲区油车港镇澄溪村西木桥弄4号东面	—
22	西木桥弄南粮仓	秀洲区油车港镇澄溪村西木桥弄9号民宅对面	—
23	合心村土窑	秀洲区油车港镇合心村12组	—
24	徐家港礼堂	秀洲区油车港镇千金寺村2组徐家港	—
25	澄溪村染店桥	嘉兴市秀洲区油车港镇澄溪村11组	—
26	池湾村万福桥	嘉兴市秀洲区油车港镇池湾村1组	—
27	麦家村善兴桥	嘉兴市秀洲区油车港镇麦家村与古窦泾村交界处	—

续表

序号	名称	地址	备注
28	上睦村万福桥	嘉兴市秀洲区油车港镇上睦村同联9组	—
29	西湖村凝秀桥	嘉兴市秀洲区油车港镇西湖村14组	—
30	池湾村延寿桥	油车港镇池湾村4组	—
31	池湾村兴龙桥	油车港镇池湾村7组	—
32	池湾村万兴桥	油车港镇池湾村北端	—
33	栖真村荷花浦桥	油车港镇栖真村12组	—
34	胜丰村查庵桥	油车港镇胜丰村1组	—
35	西湖村许家桥	油车港镇西湖村6组	—
36	西湖村怀仁桥	油车港镇西湖村9组	—
37	西南大街260—264号闵氏民居	新塍镇凤舞社区西北大街260—264号	—
38	西南大街民居建筑群	新塍镇凤舞社区西南大街、三元街	—
39	西南大街143—149号民居	新塍镇凤舞社区西南大街143—149号	—
40	西南大街张氏民居	新塍镇凤舞社区西南大街161号	—
41	西南大街屠氏民居	新塍镇凤舞社区西南大街268—272号	—
42	西南大街许氏民居	新塍镇凤舞社区西南大街287号	—
43	西南大街294号闵氏民居	新塍镇凤舞社区西南大街294号	—
44	西北大街90—92号民宅	新塍镇西北大街90—92号	—
45	西北大街94—100号民宅	新塍镇西北大街94—100号	—
46	西北大街莫氏民居	秀洲区新塍镇秀水社区西北大街142—138号	—
47	西北大街杨氏民居	秀洲区新塍镇秀水社区西北大街102号	—
48	西北大街邹氏民居	秀洲区新塍镇秀水社区西北大街104—106号	—
49	旗星村礼堂	新塍镇旗星村7组	—
50	来龙桥村万寿桥	秀洲区新塍镇来龙桥村与独角圩社区交界处	—
51	来龙桥村乌龙桥	秀洲区新塍镇来龙桥村与独角圩社区交界处	—
52	王店蚕种场老厂区	王店镇解放社区海王路468号	—
53	解放街许氏民居	王店镇解放社区解放街266—272号市河南侧	—

嘉兴市区第三批历史建筑名单（2019年）

序号	名称	年代	类别	位置	基本情况及价值判断
1	嘉兴实验初级中学原一中旧校舍	20世纪50年代	近现代重要史迹及代表性建筑	南湖区建设街道杨柳湾社区环城南路（嘉兴实验初级中学内）	未登记，两层建筑，保存完整，现为学校后勤办公场地使用，对于研究嘉兴近代教育史和建筑史，均有较高的历史和科学价值
2	嘉兴秀州中学校舍（北斋）	20世纪50年代	近现代重要史迹及代表性建筑	南湖区建设街道丁家桥社区环城东路75号（嘉兴秀州中学内）	未登记，建筑三层，保存完整，是秀州中学建筑群的北斋，现为学校办公使用，历史价值较高
3	南湖区建设街道壕股桥	20世纪70年代	近现代重要史迹及代表性建筑	南湖区建设街道城东社区环城东路东	未登记，该桥跨度较大，56米，造型稳重舒展，具有一定的历史和科学价值
4	南湖区新嘉街道原嘉丝联茧库	20世纪80年代	近现代重要史迹及代表性建筑	南湖区新嘉街道北京路社区杉青闸路	未登记，两幢五层建筑，保存完整，丝织业作为嘉兴的一项传统特色产业具有悠久的历史，从传统手工作坊向现代工业化发展过程中，经历了一系列的生产工具和生产方式的变革，原嘉丝联茧库正是这段发展史中的实物见证，因而具有较高的历史和文物价值
5	南湖区南湖街道东塔弄碉堡	民国	近现代重要史迹及代表性建筑	南湖区南湖街道民北社区东塔弄	未登记，保存一般，对研究嘉兴抗战史具有较高的历史价值
6	南湖区南湖街道民丰会堂	20世纪80年代	近现代重要史迹及代表性建筑	南湖区南湖街道民北社区用里街北	未登记，民丰会堂是建筑设计水平较高、施工工艺较好的公共建筑，具有很高的社会、历史和科学价值
7	南湖区南湖街道民丰一村宿舍	1956年	近现代重要史迹及代表性建筑	南湖区南湖街道民北社区用里街北	未登记，三幢两层建筑，保存完整，具有很高的社会、历史和科学价值
8	南湖区南湖街道平湖塘南侧冶金宿舍3幢	1956年	近现代重要史迹及代表性建筑	南湖区南湖街道枫杨社区冶金宿舍	未登记，三幢两层建筑，保存完整，具有很高的社会、历史和科学价值
9	南湖区新嘉街道百步桥	20世纪70年代重建，始建年代不详	近现代重要史迹及代表性建筑	南湖区新嘉街道北京路社区杉青闸路北	未登记，保存完整，该桥形制较大，是嘉兴运河沿线所存为数不多桥梁，具有较高的历史和科学价值

续表

序号	名称	年代	类别	位置	基本情况及价值判断
10	秀洲区王店镇陈家弄13—14号民宅	不详	传统民居	秀洲区王店镇庆丰街陈家弄13—14号	未登记，保存一般。回廊式建筑，在嘉兴民居中极其少见，具有较高的历史和文物价值
11	南湖区凤桥镇酱园弄马氏民居	民国（1911—1949年）	近现代重要史迹及代表性建筑	南湖区凤桥镇新篁社区酱园弄2幢	未定级，为二进二层楼房，南北各有走马堂楼（20世纪60年代中期南走马堂楼被拆除），两个厅堂做工尤为讲究，梁架等处保留有细致雕刻。马氏民居在当地较有影响力，具有较高的历史价值
12	南湖区凤桥镇镇东街古建筑群	民国（1911—1949年）	近现代重要史迹及代表性建筑	南湖区凤桥镇新篁社区青龙港东岸	未定级，街巷宽3米，长100余米，从北侧闵家湾一直到南侧羊桥，两侧房屋以平房建筑为主，其中一幢是两层建筑，有老建筑八幢，沿河分布五个石埠头，镇东街古建筑群是新篁社区保存较好的一片古建筑，具有一定的历史价值
13	南湖区凤桥镇石岸头王氏民居	1950—1959年	近现代重要史迹及代表性建筑	南湖区凤桥镇新篁社区石岸头5号	未定级，保存完整，一进四开间，共两层楼。一层为砖墙，二层为木结构，屋顶为硬山顶。该民居连同石岸头石板路均体现了江南古镇的风貌，对研究民间建筑特色有一定的价值
14	南湖区凤桥镇兴善寺朱家民居	民国（1911—1949年）	近现代重要史迹及代表性建筑	南湖区凤桥镇新民村兴善寺14—15号	未定级，保存一般，民居坐北朝南，共有两进。第一进为两层三开间，朝南有廊棚，砖木结构。该房屋带有江南水乡古建筑的典型特征，有一定的科学和历史价值
15	南湖区凤桥镇庄史村19号蚕室	1967年	近现代重要史迹及代表性建筑	南湖区凤桥镇庄史村19号	未定级，保存一般，坐北朝南，为一层平房，共七开间，朝南有廊道，现有租户使用。该蚕室具有"文革"时期的典型特征，对研究特定时代的生产、文化有一定的参考价值
16	南湖区凤桥镇东庄桥	清（1644—1911年）	古建筑	南湖区凤桥镇庄史村集镇西端	未定级，保存完整，系三孔无栏梁式石板桥，该桥体现了江南水乡的桥梁风格，具有一定的历史价值
17	南湖区凤桥镇联丰村石王庙桥	清光绪二十三年（1897）	古建筑	南湖区凤桥镇联丰村14组	未定级，保存完整，三孔无栏梁式石板桥，该桥历史悠久，造型稳重，具有一定的历史和科学价值

续表

序号	名称	年代	类别	位置	基本情况及价值判断
18	南湖区凤桥镇三星村西河桥	清（1644—1911年）	古建筑	南湖区凤桥镇三星村14组	未定级，保存一般，为三孔无栏梁式石板桥。南北横跨西河桥港，桥全长26.78米，该桥历史悠久，是当地重要历史建筑，曾是陆上交通要道，具有一定历史和科学价值
19	秀洲区新塍镇新塍人民电影院	20世纪60年代	近现代重要史迹及代表性建筑	秀洲区新塍镇丰乐路	未登记，保存完整，带有的历史痕迹，能够反映一个时代的历史和文化信息，因而具有较高的历史价值
20	秀洲区新塍镇旗星村盛氏民居	民国（1911—1949年）	近现代重要史迹及代表性建筑	秀洲区新塍镇旗星村13组三家自然村82号	未定级，该民居整体结构保存完整，对研究本地的建筑风格，具有一定的参考价值
21	秀洲区新塍镇旗星村邬氏民居	民国（1911—1949年）	近现代重要史迹及代表性建筑	秀洲区新塍镇旗星村25组	未定级，该民居造型简朴、端庄，结合了徽派风格与江南特色，具有一定的历史价值和科学价值
22	秀洲区油车港镇后埭梅氏民居	民国（1911—1949年）	近现代重要史迹及代表性建筑	秀洲区油车港镇百花庄村后埭16号	未定级，现存一进五开间，穿斗式五檩，此民居建筑造型特殊，是苏南和浙北地区建筑风格的融合，具有一定的历史价值
23	秀洲区油车港镇西木桥弄9—15号民居	民国（1911—1949年）	近现代重要史迹及代表性建筑	秀洲区油车港镇澄溪村西木桥弄9—15号	未定级，现为一进八开间，规模较大，有一定的历史价值
24	秀洲区油车港镇马库村131号民宅	不详	传统民居	秀洲区油车港镇马库村131号	未登记，现有住户，保存一般，一进两层三开间，具有较高的建筑和历史价值
25	秀洲区油车港镇澄溪大街20—21号	1950—1951年	传统民居	秀洲区油车港镇澄溪村澄溪大街20—21号	未登记，三开间两层楼房，建筑保存完整，质量尚好，具有较高的建筑和历史价值
26	秀洲区油车港镇澄溪老宅	民国时期	传统民居	秀洲区油车港镇澄溪村澄溪大街长生桥南堍	未登记，坐北朝南，五开间两层楼房，该建筑是老集镇现存形制较大、布局完整的传统民居，对研究水乡地区传统民居文化有较高的价值
27	秀洲区油车港镇匠人浜19—20号沈氏民宅	不详	传统民居	秀洲区油车港镇胜丰村劳丰自然村匠人浜19—20号	未登记，一层平房，共四间，现有住户，建筑基本完整，保存质量较差，具有一定的历史价值

嘉兴市区第四批历史建筑名单（2020年）

序号	名称	年代	类别	位置	基本情况及价值判断
1	冶金机械厂厂房	1940年	工业遗产	南湖区南湖街道民北社区	共7幢，前身为民国私营企业"嘉兴杜锦记铁工厂"，1949年后由私营企业兼并、国家接管。目前厂区布局完整，建筑结构特色鲜明，建筑体量和跨度极大，建筑立面为砖墙，部分厂房上遗存20世纪中期年代标语，时代印记鲜明。嘉兴冶金机械厂作为大跃进时期壮大的大型企业，经历了机械工业的发展过程，也是嘉兴近现代工业遗产中机械工业发展的例证，具有典型性和代表性，具有较高的历史和科学价值
2	民丰造纸厂厂房	1923年	工业遗产	南湖区南湖街道民北社区	共15幢，包括造纸车间及配套用房、仓库、维修车间等。民丰造纸厂创办于1923年，1949年后，民丰造纸厂在行业内长期具有较大的影响力，为新中国的造纸工业作出了巨大贡献，民丰造纸厂厂区现状格局完整，保留有各个历史时期的厂房建筑和设施，包括建于民国时期的老厂房、中华人民共和国成立初期的老厂房建筑群与生产线设备等，基本展现了工厂历史发展的完整脉络，稍加整修便可利用。民丰造纸厂历史价值突出，是我国20世纪初叶民族工业发展和新中国工业建设的典型代表之一
3	刘公塔	1997年	房屋建筑/公建	秀洲区王江泾镇莲泗荡风景区（民主村）	塔身为仿宋形制，砖混结构，八面七层，每一层内部都为空筒式楼阁，为纪念元代刘承忠将军而建，是莲泗荡重要的景观节点和标志性建筑，在上海、浙北一带具有一定的知名度。网船会作为国家级非物质文化遗产流行于嘉兴市秀洲区王江泾一带，每年清明、中秋、除夕举行三次庙会，刘公塔是网船会的重要载体，具有极高的历史价值

续表

序号	名称	年代	类别	位置	基本情况及价值判断
4	海鸥电扇厂原址	1960年左右	房屋建筑/厂房	秀洲区王店镇梅溪街224号	共10幢，厂内主体建筑保留，最具时代特征的是厂区大门，是20世纪七八十年代典型的工业建筑入口形象，并保留有建厂时"祖国万岁"标语，建筑质朴，部分细节构件保留完好，如老式大门灯、水塔等。海鸥电扇厂是嘉兴现代工业发展史上的重要代表，展现了改革开放初期家电产业发展轨迹，具有较高的历史价值和研究价值
5	田丰粮仓	1979年	房屋建筑/仓库	秀洲区王江泾镇长虹村	为素拱形（无钢筋、拱形屋面）粮仓，具有改革开放前后国营粮库的时代特点，是王江泾现代重要史迹及代表性建筑，具有较高的历史价值
6	王江泾粮仓	1983年	房屋建筑/仓库	秀洲区王江泾社区	砖混结构，临运河而建，仓房数量众多，形成粮库建筑群，具有改革开放前后国营粮库的时代特点，是王江泾现代重要史迹及代表性建筑，具有较高的历史价值
7	万里桥	1735年（雍正年代）、1963年（重建）	桥梁建筑	南湖区南湖街道南湖社区滨河路中段	该桥保存完整，又称"鳗鲤桥"，此地原来交通闭塞，该桥建成后成为了人们出行最便捷的途径，此桥一通万里，故名万里桥。具有一定的历史文化价值
8	东风桥	1960年左右	桥梁建筑	南湖区南湖街道南湖社区新湖绿都北侧	钢筋混凝土拱桥，桥拱两侧有数个小拱圈。横跨平湖塘，现状为危桥，禁止通行。具有一定的科学价值
9	普安桥	1950年左右重建	桥梁建筑	秀洲区油车港镇马库村罗家甸	保存完整，南北横跨河道，为单孔石板桥。具有一定的科学价值

嘉兴市区第五批历史建筑名单（2022年）

序号	名称	类别	位置
1	原毛纺织厂水塔	构筑物	南湖区南湖街道纺工路西侧南湖天地（原毛纺织厂内）
2	余新六龙桥	桥梁建筑	南湖区余新镇普光村普光寺南
3	嘉兴电力博物馆（原嘉兴电力局城郊供电分局）	公共建筑	南湖区建设街道环城西路与勤俭路交叉口
4	原王店粮仓	仓储建筑	秀洲区王店镇长水塘东侧，四喜街北侧
5	洪合长寿桥	桥梁建筑	秀洲区洪合镇凤桥村蔡家浜
6	一宿古庵	寺庙宗教建筑	秀洲区王江泾镇闻川社区长虹桥西堍长虹古寺内

注：按照嘉兴市人民政府公布的"嘉兴市区历史建筑名单"列出，序号、名称、类别、位置未作修改。

汤永净，同济大学浙江学院土木工程系，教授，长三角（嘉兴）历史建筑保护研究中心主任。研究方向：历史建筑修复与加固与地下结构耐久性。

李立贵，同济大学浙江学院中德学院，教授，长三角（嘉兴）历史建筑保护研究中心成员。研究方向：跨文化交际、国别研究。

章蓉，同济大学浙江学院社会科学部，副教授，长三角（嘉兴）历史建筑保护研究中心成员。研究方向：国际传播、城市传播。

丁智萍，同济大学浙江学院经济与管理系，讲师，长三角（嘉兴）历史建筑保护研究中心成员。研究方向：行政管理与文化产业管理。

杨文睿，同济大学浙江学院中德学院，讲师，长三角（嘉兴）历史建筑保护研究中心成员。研究方向：跨文化研究、德国文学。

宁云靖，同济大学浙江学院中德学院，讲师，长三角（嘉兴）历史建筑保护研究中心成员。研究方向：跨文化传播、区域国别对比研究。

唐斐斐，同济大学浙江学院中德学院，讲师，长三角（嘉兴）历史建筑保护研究中心成员。研究方向：德语语言文化以及跨文化交际研究。

周艳梅，同济大学浙江学院中德学院，讲师，长三角（嘉兴）历史建筑保护研究中心成员。研究方向：德语文学与跨文化交际研究。

李慧婷，同济大学浙江学院中德学院，讲师，长三角（嘉兴）历史建筑保护研究中心成员。研究方向：跨文化研究。

黄琴琴，同济大学浙江学院中德学院，讲师，长三角（嘉兴）历史建筑保护研究中心成员。研究方向：德语语言文化以及跨文化交际研究。

魏超，同济大学浙江学院中德学院，讲师，长三角（嘉兴）历史建筑保护研究中心成员。研究方向：跨文化传播。

参考文献

[1] 《嘉丝联志》编纂委员会．嘉丝联志[M]．嘉兴：嘉兴印刷厂，1990．

[2] 《嘉兴市志》编纂委员会．嘉兴市志[M]．北京：中国书籍出版社，1997．

[3] 《嘉兴丝绸志》编纂委员会．嘉兴丝绸志[M]．嘉兴：嘉兴印刷厂，1994．

[4] 《王店镇志》编纂委员会．王店镇志[M]．北京：中国书籍出版社，1996．

[5] 《雪泥鸿爪忆秀州》编辑委员会．雪泥鸿爪忆秀州：嘉兴秀州中学校史集[M]．杭州：杭州钱江彩色印务有限公司，2000．

[6] 陈剩勇．浙江通史·第7卷·明代卷[M]．杭州：浙江人民出版社，2005．

[7] 陈伟桐．发祥地：嘉兴及浙江辛亥革命研究的新视角嘉兴文史[EB/OL]．https://baijiahao.baidu.com/s?id=1768100770210126692&wfr=spider&for=pc．

[8] 丁辉，陈心蓉．明清嘉兴科举家族姻亲谱系整理与研究[M]．北京：中国社会科学出版社，2016．

[9] 丁俊清，杨新平．浙江民居[M]．北京：中国建筑工业出版社，2009．

[10] 冯志洁．明代江南质库经营与艺术品典当：以浙江嘉兴府为中心[J]．东南大学学报（哲学社会科学版），2017，19（4）：139-141．

[11] 龚肇智．嘉兴明清望族疏证[M]．北京：方志出版社，2011．

[12] 何志荣．唐纪勋与学稼公社[EB/OL]．（2012-04-18）．http://www.jiaxing.cc/Article/jiahemingshi/2012/041U5201255.html．

[13] 何志荣．学稼公社：新丰农村一次晚清革新[EB/OL]．（2019-08-25）．https:mp.weixin.qq.com/s/ufV72TUxfBbQ5F9tTYUfXQ．

[14] 加一．周庆云：从弃学从贾的晚清秀才到两浙盐商中的权威人物[EB/OL]．（2022-08-15）．https://mp.weixin.qq.com/s/KkaPmaDcCMRXG56T8rvk7g．

[15] 嘉兴城乡建设．中基路197号：历史建筑邂逅锔瓷非遗文化[EB/OL]．（2020-12-18）．https://mp.weixin.qq.com/s/Iuyz6IobqlAsl8Cbctrj5A．

[16] 嘉兴档案．从"一顶"到"全屋"，这个小镇"智"胜有方[EB/OL]．（2023-09-01）．https://mp.weixin.qq.com/s/E9c5ri5Hq4h233EAsHn9QQ．

[17] 嘉兴地名．菜花泾社区，因附近菜花泾河得名[EB/OL]．（2022-09-25）．https://www.toutiao.com/article/7146860162221151 2873/?wid=1728693889776．

[18] 嘉兴电力局档案室,嘉兴电力博物馆．永明——嘉兴百年电力(1908—2008)[M]．[出版地不详]：[出版者不详]，2008．

[19] 嘉兴港区开发建设管理委员会．乍浦名门邹氏三百年传承(下)[EB/OL]．(2018-11-30)[2024-3-25]．https://jxgq.jiaxing.gov.cn/art/2018/11/30/art_1591218_26212674.html．

[20] 嘉兴农校校庆纪念册编委．浙江省嘉兴农业学校建校40周年纪念册（1950—1990）[M]．[出版地不详]：[出版者不详],1991．

[21] 嘉兴市地方志编纂委员会．嘉兴年鉴（2006）[M]．北京：中华书局，2006．

[22] 嘉兴市纪委市监委．追寻光复中华的印迹[EB/OL]．（2021-11-21）．https://www.zjsjw.gov.cn/zhuantizhuanlan/qinglianwenhua/qingfengzhilv/202110/t20211012_4864352.shtml．

[23] 嘉兴市建设局科技处．嘉兴历史建筑：百年名校秀州中学里的校舍（北斋）[EB/OL]．（2020-10-30）．https://mp.weixin.qq.com/s/IklgKFF60n1NpxlMzj56fw．

[24] 嘉兴市人民政府．嘉兴市人民政府关于公布嘉兴市区第二批历史建筑名单的通知[EB/OL]．（2018-01-18）．https://www.jiaxing.gov.cn/art/2022/12/5/art_1229701316_913.html．

[25] 嘉兴市人民政府．嘉兴市人民政府关于公布嘉兴市区第三批历史建筑名单的通知[EB/OL]．（2019-01-08）．https://www.jiaxing.gov.cn/art/2022/12/2/art_1229701214_715.html．

[26] 嘉兴市人民政府．嘉兴市人民政府关于公布嘉兴市区第四批历史建筑名单的通知[EB/OL]．（2022-11-23）．https://www.jiaxing.gov.cn/art/2022/11/23/art_1229701175_227.html．

[27] 嘉兴市人民政府．嘉兴市人民政府关于公布嘉兴市区第五批历史建筑名单的通知[EB/OL]．（2022-02-16）．https://www.jiaxing.gov.cn/art/2022/2/18/art_1229567741_2393239.html．

[28] 嘉兴市人民政府．嘉兴市人民政府关于公布嘉兴市区第一批历史建筑名单的通知[EB/OL]．（2010-08-20）．https://www.jiaxing.gov.cn/art/2022/12/5/art_1229701316_913.html．

[29] 嘉兴市秀洲区政协教科卫体与文化文史学习委员会，嘉兴市秀洲区王江泾镇人民政府．闻川志稿（注释本）[M]．北京：中国文史出版社，2020：14．

[30] 嘉兴市自然资源和规划局．建设项目选址意见书[EB/OL]．（2020-03-09）．https://zjjcmspublic.oss-cn-hangzhou-zwynet-d01-a.internet.cloud.zj.gov.cn/jcms_files/jcms1/web2778/site/attach/0/298b1d8f5a834367ba596d92893621b6.pdf．

[31] 嘉兴小新．荒地老宅竟是嘉兴县人民法院，曾诞生新中国第一批人民陪审员[EB/OL]．（2021-03-18）．https://mp.weixin.qq.com/s/8bOC5OB5K6fKt4ZhqWlmmw．

[32] 嘉兴职业技术学院．校徽校训[EB/OL]．[2023-05-09]．https://www.jxvtc.edu.cn/index.htm．

[33] 姜晓丽．追随千年运河水的印迹，品王江泾一门三御史的清廉故事[EB/OL]．（2020-06-07）．

[34] 金鑫俊．全国名中医连建伟教授学术思想研讨会，在浙江名中医馆召开[EB/OL]．（2022-09-17）．https://www.thehour.cn/news/543868.html．

[35] 金永健. 南湖中学点滴慢忆（二十二）[EB/OL]. （2020-7-17）. https://www.meipian.cn/31yhupyi.

[36] 金永健. 南湖中学点滴慢忆（二十五）[EB/OL]. （2020-12-12）. https://www.meipian.cn/3b3ce60f.

[37] 李欣浩, 岳钦韬. 传承与复兴：秀州中学文献萃编（1900—2020）[M]. 嘉兴：嘉兴吴越电子音像出版有限公司, 2020.

[38] 刘红. 拾起历史的片断：走进嘉兴电力博物馆[J]. 国家电网, 2008（4）：94-96.

[39] 吕倩雯. 在"红船精神"发源地赴一场光影盛宴 嘉兴《光禾》建筑空间光雕秀于昨晚正式亮相[EB/OL]. （2021-07-02）. http://newsxmwb.xinmin.cn/shizheng/csj/2021/07/02/31985534.html.

[40] 梅晓民. 《嘉禾梅氏宗谱》人物选录[EB/OL]. （2021-11-20）. https://mp.weixin.qq.com/s/mpinV-SeMaJMa73hsH-W-Q.

[41] 梅晓民. 王店记忆：最大茧站在王店[EB/OL]. （2019-03-12）. https://mp.weixin.qq.com/s/gDoUr6cjHXWeI-svoJ_Dlw.

[42] 梅晓民. 王店记忆[M]. 北京：中国文史出版社, 2014.

[43] 潘成旗. 塘汇厚生丝厂的艰辛变革史[EB/OL]. （2019-12-07）. https://mp.weixin.qq.com/s/uf62S6bLIgBPw3mqwmE98Q.

[44] 深圳天华. 全新漫步式先锋生活空间丨嘉兴南湖天地[EB/OL]. （2021-10-01）. https://mp.weixin.qq.com/s/3L83FSUdcjGrHnznWuT_Nw.

[45] 市委党校. 院校组织参观"忠实践行'八八战略'奋力打造'重要窗口'"主题展和"走进嘉兴——日新月异40年"图片文献展[EB/OL]. （2023-10-17）. https://www.jiaxing.gov.cn/art/2023/10/17/art_1559514_59621986.html.

[46] 文旅南湖. 南湖红色旅游丨烟雨楼：开天辟地大事变的见证者[EB/OL]. （2021-07-09）. https://mp.weixin.qq.com/s/NDZjglacABQoSJnO4x9GUw.

[47] 秀州中学. 秀州中学光辉一页——赣州联中（1942—1945）大事纪[EB/OL]. （2022-04-21）. https://mp.weixin.qq.com/s/DE1J7lSLLuatpotVU8sDiA.

[48] 徐元观. 禾城百桥[M]. 嘉兴：浙江正方设计印刷公司, 2019.

[49] 杨晓, 戴振国. 嘉兴电力博物馆的建设与思考[J]. 中国电力教育, 2012（12）：118-119.

[50] 岳钦韬, 嘉兴市政协学习和文史资料委员会. 嘉兴抗战影像[M]. 北京：当代中国出版社, 2017.

[51] 张新克. 浙北水乡古镇民居建筑文化[M]. 北京：中国建筑工业出版社, 2016.

[52] 章太炎. 龚未生事略[J]. 华国月刊, 1923, 2（1）.

[53] 赵柏田. 一部江南史，半部入禾城[EB/OL]. （2021-06-07）. https://mp.weixin.qq.com/s/FjMGwgt664Ge7tN97UvY9A.

[54] 浙江在线. 嘉里看展｜嘉兴有"四大名旦" 你还记得哪些?[EB/OL]. （2018-10-31）. http://jx.zjol.com.cn/201810/t20181031_8622132_ext.shtml.

[55] 周咬脐, 孙亮侪. 禾城南栅米市埠｜清末嘉禾米市埠的一段"渔樵史话"[EB/OL]. （2022-04-11）. https://baijiahao.baidu.com/s?id=1729792351698811125&wfr=spider&for=pc.

[56] 周云甫. 四象八牛七十二金狗[J]. 风景名胜, 2002（2）：75.

[57] 邹志峰. 传承光明的历史：嘉兴电力博物馆筹建侧记[J]. 国家电网, 2007（5）：87-88.

跋

城市是由建筑构成的。每一座建筑都有自己的名字、外形、结构、功能，每一座建筑都承载了各种各样的信息，这些信息包括但不限于：与之相关的人和事，以及这些人和事发生的社会背景，等等。可以想象，如果我们能厘清一座城市现存的乃至已消失的每座建筑涉及的人和事，那么实际上就是将该城市的历史和文化呈现于世人眼前了。

由此可见，建筑不仅构成了城市，更是城市历史和文化的见证和载体。现存的建筑是由历史走向现实的实体符号，既承载着历史和文化，也在创造历史和文化；而老建筑更多地承载着历史和文化，它们是城市历史和文化的"纪念碑"，只不过随着岁月的流逝其上的"碑文"变得斑驳、模糊。

伴随着我国大规模城市基础设施建设的开展，众多老建筑被拆除，从我们的生活中消失。遗憾的是，人们没有意识到或没有机会和能力去细细地释读这些老建筑"纪念碑"上的"碑文"。这些城市历史和文化"纪念碑"的消失，直接导致了城市历史和文化的缺失。

我国的历史建筑大致分为文物建筑、各级政府认定的历史建筑以及未评级的老建筑等。文物建筑的保护有着较为完善的法律法规，因而得到了政府和民众的关注。然而，对于数量更多的历史建筑以及老建筑，虽然也有一定的保护措施，但总体保护力度不足，其消失速度很快，现存总量急剧减少。

长三角（嘉兴）历史建筑保护研究中心（以下简称"历保中心"）致力于城乡历史建筑的保护，工作范围不仅涵盖保护历史建筑的实体，还包括发掘这些建筑的"灵魂"——建筑背后的文化。唯有将实体与文化合二为一，才能让历史建筑活起来，进而实现建筑保护、文化传承与发展等目标。

如今，笔者欣喜地看到《青砖黛瓦忆嘉禾：嘉兴历史建筑文化解码》即将付梓，这是在嘉兴市人民政府相关部门、高校和科研机构、企业以及嘉兴文化学者等的大力支持下，历保中心组织科研人员对嘉兴市非文物建筑的历史建筑的"碑文"进行辛勤发掘和整理的成果。作为历保中心的创始人以及本书的倡议者之一，笔者不由感慨万千。

回想历保中心的创立与本书的诞生，皆由一个个小小的契机串联而成，正是一路走来的点，串成了今天的这条线。记得笔者初至同济大学浙江学院是在2015年2月，接到的任务是由笔者牵头组建科技处。当时摆在笔者面前的一个重要课题是，对同济大学浙江学院这样一所以教学为主的大学来说，如何调动教师们的科研积极性。在成立了融合机、电、控制、计算机等专业的科研平台"奥克兰·同济康复医疗设备研究中心"，组建了融合土木、结构、材料、环境等专业的"土木与环境高性能功能材料重点实验室"并获授"嘉兴市重点实验室"后，笔者心中也一直在思考如何给建筑学、社科、外语等专业学科的老师们提供一个科研的舞台。

嘉兴市历史文化底蕴深厚，在历史建筑文化研究方面有诸多可深入挖掘和探究之处。2020年2月，同济大学汤永净教授加入同济大学浙江学院，她在古建筑保护技术方面有很深的造诣，且热衷历史建筑保护与培养年轻科研人才，这为嘉兴市的历史建筑保护研究提供了契机。同时，汤教授和笔者深知，历史建筑保护并非仅靠某所大学就能做好，还需要政府部门、其他高校、科研机构以及相关企业的积极参与。因此，有必要打造一个多学科融合、多元主体合作的研究机构。

为了能携手更多同路人，在学校领导的大力支持下，我们联合多家单位，于2021年5月成立了"长三角（嘉兴）历史建筑保护研究中心"。历保中心不但设置了建筑材料、结构、数字化等工程技术相关研究室，还强调了文化、法律法规等社会科学研究的重要性，设置了历史建筑文化等研究室。历保中心的工作获得了校内的广泛支持和参与，中德学院的年轻教师们在李立贵院长的带领下，为历史建筑文化研究付出了努力，社会科学部的章蓉博士以及外语系、经济与管理系等院系的老师也积极参与了我们的工作。

几年来，历保中心坚持以科学严谨的态度，系统性地挖掘建筑背后的文化、历史，努力为历史建筑保护作出贡献，推动嘉兴历史文化的保护与传承。面对相关历史资料匮乏、城市变迁巨大等问题，在嘉兴市住房和城乡建设局的指导和资助下，嘉兴市历史建筑的文化历史故事挖掘整理项目成功立项。承接该项目后，为持续深入推进相关工作，促使研究成果取得实效，笔者的心中明确了一点——"必须把书写出来"。

在本书编撰过程中，年轻的老师们得到了很好的锻炼，借助历保中心这个平台，有关历史建筑文化和传播方面的研究逐渐生根发芽，并且取得了初步成果。多人次获得省、市级纵向项目，发表了多篇历史建筑相关的报刊文章和期刊论文。

在笔者心中有一种信念，真正的文化往往扎根于民间，是存在于老百姓生活中且具有生命力的事物。通过摸清历史建筑的小故事，了解其背后的人、事、物之间千丝万缕的联系，城市的点点滴滴会变得丰富、生动、活灵活现。这些接地气的元素凝聚升华，进而形成城市的文化特色和文化脉络。

历保中心走的是一条充满困难却乐趣无穷的路，在这条路上会遇到很多同路人。嘉兴这座城市具有江南烟雨的温婉水乡气质，同时也蕴含着"敢为人先、勇猛精进"的文化基因。未来，期望嘉兴市历史建筑保护的模式，不仅能扩展至长三角地区，还能拓展到更广阔的天地。在历史建筑保护和中华文化的保护和传承中，既要做到"脚踏实地"，又能够"仰望星空"。

同济大学浙江学院教授
长三角（嘉兴）历史建筑保护研究中心发起人

后记

《青砖黛瓦忆嘉禾：嘉兴历史建筑文化解码》即将付梓，翻阅着沉甸甸的原稿，回想一路走来的历程之不易，感慨良多。书稿经历了数次修订和提升，其间，也经历了不少波折，这一路走来并非易事，感恩之情油然而生。

首先，要感谢嘉兴市相关部门的大力支持与指导。在嘉兴市住房和城乡建设局的直接指导和支持下，我们精选了嘉兴市内 20 处具有代表性的历史建筑。虽然大部分建筑保存状态较好，并得到了一定程度的活化利用，但我们也特别关注了一些亟待修缮保护的老宅，期望能引起更多人对历史建筑保护的关注和支持。在这个过程中，嘉兴市住房和城乡建设局的平惠英处长、刘文丰处长给予了大力支持，王志强、陈国勤等同志从选题到实地考察提供了很多宝贵信息和帮助，城建档案馆为我们查询资料提供了许多便利，在此致以最诚挚的感谢。同时，也衷心感谢给予了我们许多帮助的嘉兴市文物保护所、嘉兴市图书馆、嘉兴市档案馆等单位。

其次，我们也要衷心感谢同济大学浙江学院的校领导，特别是董琦校长、闻泉新书记对历保中心以及本书始终给予的关心和支持。正是由于校领导的持续鼓励和支持，我们才有了更多动力完成并不断优化本书的内容。同时，同济大学浙江学院的多个系部，包括中德学院、土木工程系、建筑系、社会科学部、经济与管理系也对本书的工作给予了大力支持，在此表示衷心感谢！

在成书和出版的过程中，我们还得到了多个兄弟单位的大力支持。嘉兴市建筑工业学校和长三角（嘉兴）规划设计集团有限公司为我们提供了摄影、图片制作等帮助，在此对嘉兴市建筑工业学校范晓春校长、长三角（嘉兴）规划设计集团有限公司李晓璐主任表示由衷感谢！

这本书的问世，还要特别感谢黄国华、吴齐正、叶加、董雄、赵冠雄、陈钰麒、邵振东等文史专家顾问。从初期调研到书稿完成，各位老师给予了我们诸多宝贵的专业知识和修改意见。没有他们的大力帮助和支持，这本书难以完成。此外，薛家煜、周荣先、岳钦韬等老师在我们的撰写过程中提供了许多宝贵意见和建议，建筑系的陈卓、黄欣、司舵、章瑾等老师从建筑学的角度给予了修改意见，文印室的张士香老师通读全稿，给出了宝贵意见和建议，花蕾、朱嘉、李燕、曹嘉燕、陈卫钢、徐晓琴、顾思意等老师也为本书的完成提供了诸多帮助。在此表示诚挚的谢意！

同济大学博士生导师、法国建筑科学院的外籍院士邵甬教授，中国文化遗产研究院前总工程师、中国文物保护基金会传统村落首席专家付清远先生，在百忙之中为本书撰写了序言。对于他们所给予的大力支持和悉心关怀，我们深表感激。专业评价和鼓励也是我们不断前进的动力源泉。

此外，还要特别感谢为本书提供精美图片的摄影师郑宏斌、沈海涛、付辉古等老师，对我们的调查提供帮助的油车港镇社会事务办（文化站）的张锋先生，还有提供了许多一手资料和线索的热心嘉兴市民沈育人、周李超等。由于篇幅有限，无法一一列举对我们提供帮助的所有人，我们在此一并表示最诚挚的感谢！

本书的出版也离不开各方面的资金支持。湖北义兴数字科技有限公司牛磊总经理在为本书提供出版资助的同时，还参与了本书历史建筑的田野调查。上海宝集环境设计工作室负责人钱幽涟女士为本书出版提供了资助，并积极参加了历保中心举办的相关活动。上海市产业科技金融协会创意产业首席专家汤世才先生高度赞同我们的理念，对历保中心的工作给予了大力支持和关心，为本书提供了出版资金。在此表示最诚挚的谢意！

同时，本书也得到了多个课题的资助。衷心感谢国家自然科学基金：土体卸荷对砖石古塔结构影响机理及古塔损伤评估方法研究（52078373）、嘉兴市哲学社会科学规划重点课题：嘉兴市历史建筑文化价值与传播研究（JSKGH2023039）、浙江省教育厅高等学校访问学者教师专业发展项目：文旅融合视域下的红色文化与历史文化协同传播研究（FX2023071）、同济大学浙江学院科研启动项目重点项目：嘉兴市历史建筑的文化传播研究（KY0221527）、同济大学浙江学院科研启动项目重点项目：历史建筑结构损伤评估及修缮方法研究（KY0221505）、市级校企合作项目：地下室模壳墙关键技术研究（KY0220011）为本书提供的宝贵资金资助。

最后，特别要感谢同济大学出版社的由爱华、金言老师，在本书的出版过程中的热心助言和辛勤付出。没有你们的帮助，本书也难以顺利问世。

期待本系列丛书能够在大家的关心和爱护下，今后继续出版精品。愿国家历史文化名城嘉兴能够更好地传承优秀历史文化，散发持久的魅力，也希望读者在阅读历史建筑背后的故事和沧桑时，能够感受到历史建筑所具有的无限可能性和文化韧性。

图书在版编目（CIP）数据

青砖黛瓦忆嘉禾：嘉兴历史建筑文化解码 / 章蓉主编 . -- 上海：同济大学出版社，2024.12. -- （历史建筑文库）. -- ISBN 978-7-5765-1404-9
Ⅰ. TU-092.955.3-53
中国国家版本馆 CIP 数据核字第 20249Y8P21 号

历史建筑文库（第 1 辑）
长三角（嘉兴）历史建筑保护研究中心　策划

青砖黛瓦忆嘉禾
嘉兴历史建筑文化解码

章蓉　主编

出 品 人　金英伟
责任编辑　金　言
责任校对　徐春莲
装帧设计　张　微

出版发行　同济大学出版社　www.tongjipress.com.cn
　　　　　（地址：上海市四平路1239号　邮编：200092　电话：021-65985622）
经　　销　全国各地新华书店
印　　刷　上海安枫印务有限公司
开　　本　710mm×1000mm　1/16
印　　张　13.5
字　　数　228 000
版　　次　2024 年 12 月第 1 版
印　　次　2024 年 12 月第 1 次印刷
书　　号　ISBN 978-7-5765-1404-9
定　　价　168.00 元

本书若有印装质量问题，请向本社发行部调换
版权所有　侵权必究